特高压直流工程建设管理实践与创新

TEGAOYA ZHILIU GONGCHENG JIANSHE GUANLI SHIJIAN YU CHUANGXIN

线路工程建设

标准化管理

国家电网公司直流建设分公司 编

中国电力出版社
CHINA ELECTRIC POWER PRESS

内 容 提 要

为全面总结十年来特高压直流输电工程建设管理的实践经验，国家电网公司直流建设分公司编纂完成《特高压直流工程建设管理实践与创新》丛书。本丛书分标准化管理、标准化作业指导书、典型经验和典型案例四个系列，共 12 个分册。

本书为《特高压直流工程建设管理实践与创新——线路工程建设标准化管理》，主要内容包括管理模式及职责、管理流程和管理制度。

本丛书可用于指导后续特高压直流工程建设管理，并为其他等级直流工程建设管理提供经验借鉴。

图书在版编目（CIP）数据

特高压直流工程建设管理实践与创新. 线路工程建设标准化管理/国家电网公司直流建设分公司
编. —北京：中国电力出版社，2017.12
　ISBN 978-7-5198-1593-6

　Ⅰ. ①特… 　Ⅱ. ①国… 　Ⅲ. ①特高压输电–直流输电–输电线路–工程施工–标准化管理
Ⅳ. ①TM726.1

中国版本图书馆 CIP 数据核字（2017）第 316953 号

出版发行：中国电力出版社
地　　址：北京市东城区北京站西街 19 号（邮政编码 100005）
网　　址：http://www.cepp.sgcc.com.cn
责任编辑：邓慧都（010–63412636，379595939@qq.com）
责任校对：李　楠
装帧设计：张俊霞　左　铭
责任印制：邹树群

印　　刷：北京大学印刷厂
版　　次：2017 年 12 月第一版
印　　次：2017 年 12 月北京第一次印刷
开　　本：787 毫米×1092 毫米　16 开本
印　　张：7.75
字　　数：172 千字
印　　数：0001—2000 册
定　　价：40.00 元

序 言 |

  建设以特高压电网为骨干网架的坚强智能电网，是深入贯彻"五位一体"总体布局、全面落实"四个全面"战略布局、实现中华民族伟大复兴的具体实践。国家电网公司特高压直流输电的快速发展以向家坝—上海±800kV 特高压直流输电示范工程为起点，其成功建成、安全稳定运行标志着我国特高压直流输电技术进入全面自主研发创新和工程建设快速发展新阶段。

  十年来，国家电网公司特高压直流输电技术和建设管理在工程建设实践中不断发展创新，历经±800kV 向上、锦苏、哈郑、溪浙、灵绍、酒湖、晋南到锡泰、上山、扎青等工程实践，输送容量从 640 万 kW 提升至 1000 万 kW，每千千米损耗率降低到 1.6%，单位走廊输送功率提升 1 倍，特高压工程建设已经进入"创新引领"新阶段。在建的±1100kV 吉泉特高压直流输电工程，输送容量 1200 万 kW、输送距离 3319km，将再次实现直流电压、输送容量、送电距离的"三提升"。向上、锦苏、哈郑等特高压工程荣获国家优质工程金奖，向上特高压工程获得全国质量奖卓越项目奖，溪浙特高压双龙换流站荣获 2016 年度中国建设工程鲁班奖等，充分展示了特高压直流工程建设本质安全和优良质量。

  在特高压直流输电工程建设实践十年之际，国网直流公司全面落实专业化建设管理责任，认真贯彻落实国家电网公司党组决策部署，客观分析特高压直流输电工程发展新形势、新任务、新要求，主动作为开展特高压直流工程建设管理实践与创新的总结研究，编纂完成《特高压直流工程建设管理实践与创新》丛书。

  丛书主要从总结十年来特高压直流工程建设管理实践经验与创新管理角度出发，本着提升特高压直流工程建设安全、优质、效益、效率、创新、生态文明等管理能力，提炼形成了特高压直流工程建设管理标准化、现场标准化作业指导书等规范要求，总结了特高压直流工程建设管理典型经验和案例。丛书既有成功经验总结，也有典型案例汇编，既有管

理创新的智慧结晶，也有规范管理的标准要求，是对以往特高压输电工程难得的、较为系统的总结，对后续特高压直流工程和其他输变电工程建设管理具有很好的指导、借鉴和启迪作用，必将进一步提升特高压直流工程建设管理水平。丛书分标准化管理、标准化作业指导书、典型经验和典型案例四个系列，共 12 个分册 300 余万字。希望丛书在今后的特高压建设管理实践中不断丰富和完善，更好地发挥示范引领作用。

特此为贺特高压直流发展十周年，并献礼党的十九大胜利召开。

2017 年 10 月 16 日

前 言

　　自 2007 年中国第一条特高压直流工程——向家坝—上海±800kV 特高压直流输电示范工程开工建设伊始，国家电网公司就建立了权责明确的新型工程建设管理体制。国家电网公司是特高压直流工程项目法人；国网直流公司负责工程建设与管理；国网信通公司承担系统通信工程建设管理任务。中国电力科学研究院、国网北京经济技术研究院、国网物资有限公司分别发挥在科研攻关、设备监理、工程设计、物资供应等方面的业务支撑和技术服务的作用。

　　2012 年特高压直流工程进入全面提速、大规模建设的新阶段。面对特高压电网建设迅猛发展和全球能源互联网构建新形势，国家电网公司对特高压工程建设提出"总部统筹协调、省公司属地建设管理、专业公司技术支撑"的总体要求。国网直流公司开展 "团队支撑、两级管控"的建设管理和技术支撑模式，在工程建设中实施"送端带受端、统筹全线、同步推进"机制。在该机制下，哈密南—郑州、溪洛渡—浙江、宁东—浙江、酒泉—湘潭、晋北—南京、锡盟—泰州等特高压直流工程成功建设并顺利投运。工程沿线属地省公司通过参与工程建设，积累了特高压直流线路工程建设管理经验，国网浙江、湖南、江苏电力顺利建成金华换流站、绍兴换流站、湘潭换流站、南京换流站以及泰州换流站等工程。

　　十年来，特高压直流工程经受住了各种运行方式的考验，安全、环境、经济等各项指标达到和超过了设计的标准和要求。向家坝—上海、锦屏—苏州南、哈密南—郑州特高压直流输电工程荣获"国家优质工程金奖"，溪洛渡—浙江双龙±800kV 换流站获得"2016～2017 年度中国建筑工程鲁班奖"等。

　　《线路工程建设标准化管理》共分三章，从特高压直流线路工程建设管理、技术支撑工作、专项监督检查以及现场管理标准编写、安全质量标准整合、工艺技术标准的统一、验收细则编写、管理策划评审、重大技术方案评审、工程创优、科研项目组织管理等工作，明确参建单位职责，规范统一工作内容和要求，内容涵盖基础、组塔、架线、附件安装、验收、环水保几方面。

　　本书在编写过程中，得到工程各参建单位的大力支持，在此表示衷心感谢！书中恐有疏漏之处，敬请广大读者批评指正。

编　者

2017 年 9 月

目　录

第1章　管理模式及职责

1.1　工程建设管理模式

国家电网公司（简称公司）总部作为管理决策和统筹管控主体，组织开展工程建设实施，负责建设全过程统筹协调和关键环节集约管控；省级电力公司、国网直流公司、国网信通公司作为现场建设管理主体，具体负责建设管理；直属单位（国网物资公司、国网直流公司、国网信通公司、中国电科院、国网经研院）作为专业技术支撑机构，负责为总部、省级电力公司提供工程建设业务支撑和技术支撑。

各级基建管理部门根据本单位建设管理力量、建设管理工程策划阶段等实际情况，在工程前期工作启动前组建业主项目部，并以文件形式任命项目经理及其他管理人员。业主项目部组建后，业主项目经理按要求及时填写业主项目部组织机构一览表（见附录 C.1 表 GK1）。

公司总部委托直属建设公司建设管理的工程项目，由直流建设分公司发文任命业主项目经理及其他管理人员，并由属地公司指派属地协调联系人负责地方协调等相关工作。

省级公司直接建设管理（或受托建设管理）的工程项目，由省级公司基建部发文任命业主项目经理和其他管理人员；省经研院建设管理中心接受省公司基建部的业务管理，承担业主项目部日常管理工作；属地公司指派属地协调联系人；省级公司物资部门指派物资协调联系人。

总的管理思路是：贯彻国家电网公司党组的决策，在公司"三集五大"管理体系下，以集约化、扁平化、专业化为方向，以统一的信息平台、统一的管理标准、统一支撑服务为保障，按照效率优先、目标导向、安全稳定为原则，建立健全管理体系，全面提升工程建设综合管理水平。

【说明】随着国家电网公司改革的深入和具体工程需要，以上工作要求会略有调整，具体调整以后续文件、合同、标书等相关内容为准。

1.2　职责分工

1.2.1　工程建设管理职责分工

（1）国网直流部：代行项目法人职能。负责确定工程建设目标、建立组织管理体系和制度体系；负责工程建设全过程统筹协调和科研、设计、设备、概算、结算、验收、调试等关键环节管控，指导、监督省电力公司及直属单位开展工程建设有关工作。

（2）总部相关部门：按照部门职责分工履行归口管理职责，参与配合、支撑工程建设相关工作。

（3）省电力公司：① 负责本工程各自属地范围内地灾、压矿、地震、文物评价、环保水保等前期工作；负责本工程各自属地范围内的用地预审办理工作；协助办理各类生态敏感区的相关主管部门支持性文件；协助环评和水土保持方案编制单位开展环评影响评价和水土保持方案报告书的编制工作；协助环评单位开展现场踏勘、公众参与工作；协助取得各省级环保部门对工程环评执行标准批复文件和环评报告预（初）审意见。② 负责属地直流线路（除直流公司建设管理线路部分）工程（含 OPGW 架设及附件安装）的现场建设管理工作；负责通信中继站 T 接光缆线路（不含通信设备和光缆熔接）建设管理；负责属地内征占地、通道砍伐、拆迁赔偿等通道清理和地方关系协调工作（含直流公司建设管理线路部分）；配合相关招标工作（含 ERP 操作）；负责管理范围内合同签订、履行、结算、现场服务、归档以及相关 ERP 系统操作。③ 属地建设和运检部门应安排专人提前介入，全程参加属地内直流线路工程（含直流公司建设管理线路部分）设计配合和协调工作。

（4）国网直流公司：① 负责受托工程（含 OPGW 架设及附件安装）的现场建设管理工作；配合相关招标工作（含 ERP 操作）；负责建设管理范围内施工、监理合同谈判、签署、归档以及相关 ERP 系统操作。② 提前介入并全程参加直流线路工程设计配合及协调工作。负责建设管理范围内施工图设计管理，督促设计进度，组织施工图会检和设计交底，一般设计变更的审查和重大设计变更初审等工作。③ 承担技术专业化支撑任务，包括工程管理策划、建设管理及关键技术交底培训、过程重点监督协同监管检查与例行检查、重大施工技术方案审查、试点评估、参加总结编写等。协助国网直流部开展竣工验收工作。④ 负责工程档案管理工作，组织档案管理培训及检查，协调档案移交，组织档案专业验收。⑤ 负责工程创优总体策划与申报牵头。

（5）国网信通公司：负责光纤通信工程（不含通信中继站 T 接光缆线路）建设管理，负责全程光缆熔接（含 T 接光缆）的建设管理和现场测试（含盘测），以及光纤通信工程竣工验收组织和直流工程竣工验收配合的工作，及时组织和督促完成光纤通信工程部分档案资料的归档工作。

（6）国网物资公司：在国网物资部的组织和协调下，负责总部专业公司建设管理部分线路工程物资供应管理，负责管理范围内物资合同签订、履行、结算、现场服务、归档等工作；提供物资供应管理专业化支撑和线路工程物资供应计划统筹。配合直流工程竣工验收工作，及时组织和督促完成物资采购、组织供应及物资交接等涉及物资管理部分档案资料的归档工作。

（7）中国电科院、国网经研院：为工程建设提供业务支撑、现场工器具的检验检测和涉及专业的技术支撑，承担直流工程的科研、设计牵头、设备监造、调试和受委托的工程总结牵头等工作。

（8）现场建设协调领导小组：为进一步提升管理效率，公司总部成立现场建设协调领导小组，由国网直流部（组长单位）、国网直流公司（副组长单位）、建设管理单位（省公司）、国网信通公司、国网物资公司、国网经研院（中国电科院）分管领导组成。负责工程建设的安全、质量、进度、环保、水保各项目标落实的监督检查、协调指挥；负责施工图设计管理协调；负责组织物资供应；负责组织劳动竞赛等活动，负责组织新技术、新材料、新工艺应用的培训和推广；负责现场档案管理和竣工验收现场检查的实施等工作。协调领导小组下设安全质量、工程技术、物资供应、综合管理四个办公室及专家组。

1.2.2　参建单位职责分工

工程参建单位参加工程建设的科研、咨询、设计、监理、施工、调试、物资供应、监造、运输、试验等单位按照各自职责和合同的规定履行工程建设任务。

（1）建设管理单位职责。

贯彻"安全可靠，经济适用，符合国情"的电力建设方针，受业主单位委托，承担工程建设管理任务。

组织设计交底、施工图会检，并签发会议纪要，主持召开工程协调会并签发会议纪要。

对本工程的安全、质量、造价、进度实行控制。在业主单位领导下，开展招投标工作。根据经审定的工程概算控制工程建设总投资，根据与施工单位签订的合同控制工程建设的质量、工期。

承担工程协调管理任务。协调与各级政府和部门的关系；协调设计单位、施工单位工程进度、质量、安全及造价方面的问题；协调设备制造商交货进度及施工进度之间的矛盾；协调与工程所在地群众之间的关系，处理各种与本工程有关的纠纷事宜。负责政策处理工作。

建设管理单位负责工程创优策划的制定、目标分解和责任落实，指导、检查、协调各参建单位创优实施细则编制和具体措施的落实，组织达标、创优工作开展，编制工程创优总结，负责组织工程创优申报、迎检等工作。

建立健全工程环水保工作管理体系，配备环保管理专职人员，全面负责本单位及受托工程建设项目的环水保监督管理工作。督促设计、监理、监测、施工等项目参建企业严格履行相关合同中有关环保管理责任。制订工程环水保管理文件，并组织实施；审批业主项目部报审的环水保管理策划文件；组织环水保设施设计审查和交底工作；结合本单位安全质量培训，同步组织环水保知识培训。

项目建设过程中，依据国家环保部批复的环境影响评价报告要求，组织审批一般的环保设计变更；组织梳理和收集工程重大环保变更情况，并按照公司环水保管理要求，及时上报重大设计变更情况和变更依据。在未接到总部归口管理单位明确意见前，严禁私自进行重大环水保变更。结合主体工程建设，同步开展工程环保设施中间验收，负责建管范围内环水保设施工程竣工自验收或受项目法人委托组织整体工程环水保验收调查工作，向国家行政主管部门提交验收申请，配合国家环水保专项验收。

（2）业主项目部。

对项目建设安全、质量、进度、造价、技术等实施现场管理，对工程建设关键环节进行有效管控，对项目管理绩效负责。负责对工程设计、监理、施工、调试、物资供货等参建单位进行合同履约协调和管理，通过对合同执行情况的监督考核，督促参建单位严格履行合同义务，完成合同规定的工作内容。

1）贯彻执行并监督参建单位贯彻执行有关工程建设的国家法律要求、行业标准、规程规范和相关规定，以及国家电网公司各项管理制度、"三通一标"（通用设计、通用设备、通用造价、标准工艺）等标准化建设要求。

2）根据国网直流部下发的《工程建设管理纲要》的相关管理目标和要求，组织《安全管理总体策划》《创优策划》《环境保护与水土保持管理策划》《依法合规现场管理策划》《风险管控策划》《新技术应用示范工程策划》《绿色施工示范工程策划》《建设标准强制性条文执行策划》八个策划文件的编制，报建设管理单位审批；督促和审批项目设计、监理、施工单位根据业主项目部的相关策划要求编制的项目实施细则或其他规划策划类文件，并负责监督其按照各自的策划要求开展检查，保证实施到位。

3）负责上报设计、监理、施工单位及物资招标申请，参与合同签订；负责设计、监理、施工合同条款执行，督促配合物资合同条款执行，及时协调合同执行过程中出现的有关问题；汇总、上报设计、施工、监理、物资供应商的合同履约情况；开展对项目参建单位的评价工作。

4）参加或组织项目安委会活动；组织开展针对本工程施工、监理的建设管理培训；开展及参加各类安全、质量检查工作；监督、落实标准工艺应用；监督检查工程强条和防质量通病的现场执行情况；具体负责安全文明施工管理；审批安全生产费用使用计划；按规定程序上报安全、质量事故（事件）；参加安全、质量事故（事件）调查。

5）参加或受委托组织工程中间验收工作；参加竣工预验收、启动竣工验收（同时按照"三同时"要求完成环保水保验收工作），负责组织工程移交；参加项目达标投产和创优工作。

6）负责施工图编制至竣工图移交阶段工程设计质量过程管控及设计质量的评价；参加初步设计内审和初步设计评审；组织召开设计联络会；组织设计交底和施工图会检，签发会议纪要；按照管理权限审查工程技术方案和设计变更；组织召开工程协调会并签发会议纪要。

7）项目建设过程中，落实工程项目的环水保管理工作。负责工程项目档案管理的日常检查、指导，组织工程项目档案的移交工作。

8）审核工程款项（含工程预付款、工程进度款、设计费、监理费、征地费等）支付申请，上报月度用款计划；负责竣工结算；配合竣工决算、审计以及财务稽核工作。

9）监督基建新技术研究及应用实施；收集和统计参建单位的科技创新、科研和 QC 等科技成果资料。

10）组织召开工程月度例会，根据需要召开专题协调会，检查工程安全、质量、进度、造价、技术管理工作落实情况，及时协调工程建设问题，提出改进措施，负责会议纪要的编制、分发和跟踪落实，重大问题上报建设管理单位协调解决。

11）组织开展项目建设外部环境协调，推动属地公司有序开展属地协调工作。

12）协调物资供应商按要求参加设计联络会；跟踪物资生产和到货情况，协调物资供应，满足现场进度要求；及时收集物资结算资料并提报。

13）应用基建管理信息系统，及时完成项目相关数据录入和维护。

14）统筹协调档案专题会议的相关工作。统一项目档案整理的要求和标准，编制项目档案总体策划，制定《档案整理指导手册》；负责档案管理业务的学习和培训；配合公司综合处做好工程建设期间工程档案的检查收集和归档工作；参与预验收、竣工验收检查；组织工程档案移交及接收；组织项目档案预验收及专项验收的迎检、整改工作；组织档案的进馆移交；组织档案考核评价。

15）项目投运后，及时对本项目管理工作进行总结和综合评价，并报送建设管理单位。

（3）设计单位职责。

按照国家有关设计规程、规范和标准，开展设计工作，使设计成品满足技术先进、经济合理的要求，力争设计出精品工程。

本着安全、可靠、经济实用的原则，遵循国家电网公司初步设计的审核意见和初步设计文件中的设计原则，推行全寿命周期管理设计。在设计过程中加强环水保意识，做好环水保设计。对设计成品实行全过程质量控制，及时评审图纸，确保设计质量。

按照建设单位工程建设总体计划、施工图纸交付计划安排和设备订货资料提供的时间节点，及时分阶段提供施工图，以满足工程招标需要和保证工程建设进度的要求。做好建设单位组织的施工图会检和招标答疑工作，使施工图纸更符合工程施工的要求。

派遣设计工代现场服务，及时解决施工中的设计技术问题，配合施工解决工程建设中的技术难题，保证工程建设的安全和质量要求满足项目开工前拟定的各项工程计划。工程投产一年后，进行设计回访工作，以改进和提高设计水平。

设计单位应根据分解的设计创优目标，明确具体的设计优化工作目标，以方案创优为主导，从勘察设计工作深度、施工图纸质量和进度计划、设计优化方案或措施、设计变更的管理、设计现场服务等方面制定具体的切实可行的创优措施，力求技术设计创新，使本工程设计达到国家优质水平。按照工程既定的创优目标，及时完成设计报优评选工作。

依据国家环保部批复的工程环境影响评价报告要求，与主体设计同时开展环保设施设计工作，设计深度满足环保工程建设要求。全面细致落实环评报告中的各项环保措施，实现环保要求，并按计划交付施工图纸和环保设计专篇，在通过建设管理单位审查后负责设计交底。参加现场环水保工作协调会，负责编制环水保竣工图。按规定派驻工地代表，提供现场设计服务，及时解决与环水保相关的设计问题。

在现场开展环水保验收调查时，设计单位应结合环水保措施实施情况，提出工程环水保措施符合性说明文件，确保工程环水保设施符合设计要求。配合或参与现场工程环水保监督检查、各阶段各级环水保验收工作、环境污染事件调查和处理等工作。

（4）施工单位职责。

根据项目施工管理需要，设置工程施工管理机构，安排施工人员，建立施工组织网络。对工程施工中的安全、质量实行全方位管理，对工程进度实行控制。

推行标准化施工，建立施工技术记录，抓好工程资料管理、工程技术联系单管理。

全面建设和落实安全责任制，确保工程安全目标的实现。按照要求构建安全预防组织体系和安全管理控制组织体系，根据业主应急管理体系和职责的要求建立工程统一的安全应急体系。做好参建人员的安全培训工作，严格执行安全培训合格准入制度。

全面落实质量责任制，确保工程质量。根据施工需要，对参加工程施工的技术人员、管理人员进行必要的培训。

实行项目经理、项目总工请假制，施工项目部主要管理人员变动报建设单位批准。

施工单位应根据分解的施工创优目标，明确具体的施工创优工作目标，以工艺创优为主导，确定各自的创优重点工序，应用新技术、新工艺，解决施工质量通病，确保本工程建成一流的优质工程，保障措施具体落实到位。

建立健全现场环保管理机构和岗位职责，落实环水保管理责任。施工项目部施工组织设计中应编制环水保专篇，编制环水保管理实施策划文件，报监理项目部审查、业主项目部审批后实施。特别是针对土石方处置、固体废弃物处置、废水（施工、生活用水）和施工噪声达标排放、临时占地使用应采取具体可行的临时措施逐一进行落实，应编制专项环保方案报审，负责对施工项目部管理人员及施工人员开展环水保培训和教育。认真实施现场环保监理机构编制的现场管理制度和要求，重点落实现场施工管理措施，并有针对性的一一编制落实方案和措施。并提交监理机构审查，每月定期将落实情况以书面形式提交建设管理单位和监理机构，作为安全文明施工费支付依据。

组织环保施工图预检，严格按照工程安全文明施工规定实施，履行环保责任。配合项目建设外部环境协调，定期召开或参加工程环保工作例会、环水保专题协调会，负责组织现场环保措施的落实和施工，开展并参加各类环保检查，对存在的问题闭环整改，通过数码照片等管理手段严格控制施工质量和工艺。规范开展施工班组级自检和项目部级复检工作，配合各级环保质量检查、监督、验收等工作。

结合工程实际情况参与编制和执行现场废水和施工噪声超标排放、污染环境等环境污染事件应急处置方案，配置现场应急资源，开展应急教育培训和应急演练，执行应急报告制度。配合整体工程环保调查单位开展工程环保调查工作，在试运行结束后2个月之内，完成施工环保总结的编制工作。3个月内完成临时建筑的拆迁工作，配合土地复垦单位6个月内完成工程临建土地复垦工作。配合建设管理单位和监理机构做好环保工作现场检查和环保竣工验收调查工作。同时负责环水保施工档案资料的收据、整理、归档及移交工作，确保资料的真实和准确性。

（5）监理单位职责。

作为工程建设中独立的第三方，对工程建设实行全过程监理（直至工程保修期满）。

监理单位应根据施工进度要求，负责开展设计监理工作，保证在设计阶段就落实相关规程规范、反违章、强制性条文执行到位；负责督促设计单位及时提供符合要求的施工图，负责组织召开工程协调会并草拟会议纪要提交业主项目部。

切实做好工程"四控制"（安全控制、质量控制、进度控制、投资控制）、"两管理"（合同管理、信息管理）及"一协调"（工程建设协调）工作。

按照《监理服务大纲》的承诺和建设单位的要求，及时提供相关文件。

实行项目总监请假制，监理项目部主要管理人员变动报建设管理单位批准。

承担工程档案监理及数字化监理职责，组织施工单位编制《档案资料过程管控实施方案》，审核《工程档案数字化实施方案》，开展现场档案管理要求及档案系统应用培训；负责统一协调工程建设过程中档案资料问题；对施工进程实施档案工作动态监理；审核施工单位、设计单位竣工文件及竣工图的完整性、准确性；负责监理与工程建设同步开展工程档案资料过程检查及阶段性检查，按照施工进程实施动态监理，检查督促施工单位、施工项目部阶段性档案资料的整理及电子档案的上传；负责现场及工程达标创优、专项验收检查中发现问题整改资料的归档；负责合同范围内的项目资料进行整理、组卷、编目，向工程建设管理单位移交。配合开展档案专项验收及进馆移交工作。

监理单位应根据分解的监理创优目标，明确具体的监理创优工作目标，以创优措施为主导，提升监理控制要点、工作流程、工作方法和措施，负责优化方案情况的跟踪监理，确保各项创优措施具体落实到位。

在工程前期阶段：与主体监理项目部同步建立健全环水保监理组织机构，严格执行国家、行业和国家电网公司环水保管理规定，落实各级环水保监理岗位职责，确保环水保监理组织机构管理体系有效运行。协助建设管理单位组织设计单位落实环水保设计文件，核实输变电工程设计与环境影响评价文件及批复文件的相符性；督促设计单位编制环保专篇，对相应工程环保设施、环保措施以及迹地恢复提出明确要求；按照建设管理单位要求督促设计单位提供环保施工图。按照环水保监理规范、设计文件、施工组织设计等编制环保监理规划和实施细则，结合业主项目部编制的环水保管理策划文件，落实环评报告及其批复文件中提出的各项环水保设施、工程环水保措施的具体要求。

工程开工前：编制现场环保监理工作制度，重点落实现场的管理措施，并将落实情况以书面形式反馈在施工单位进度款支付申请表中，作为安全文明施工费中环境费用支付依据。督促施工单位编制专项实施细则，审查项目管理实施规划（环保专篇）、环保措施实施方案等施工策划文件，并提出监理意见，报业主项目部审批；协助建设管理单位落实房屋拆迁和相关政策处理工作，核实环评报告罗列的生态敏感区、居民敏感点等内容。对于进入生态敏感区的施工，督促施工单位按照要求办理入场施工手续，核实施工设计与生态敏感区的偏移位置状态，居民敏感点增减变化情况；与设计单位核实统计路径偏移情况，工程施工前审核前期协议是否满足地方政府协议要求等工作，发现问题及时向建设管理单位汇报。结合工程进展，定期编制环保工作简报（月报、季报、年报）、专项和工作报告，向建设单位和地方环保管理部门汇报环保工程情况和现场环保措施落实图片。

施工过程阶段：分阶段对环水保施工图进行预检，形成预检记录，汇总施工项目部的意见，参加环水保设计交底及施工图会检，监督有关工作的落实。根据环水保工程不同阶段和特点，组织对现场监理人员进行环水保培训和交底。督促施工单位建立环水保专业管理机构，审查施工项目部工程环水保实施方案，落实工程环会保措施，巡查工程环水保措施落实和整改工作。定期检查施工现场，并与施工单位策划进行比对，督促现场落实环水保措施和环水保设施的施工。通过见证、巡视等手段，与主体工程同步对环保设施施工质量实施有效控制。按照环保监理规范、环水保设施质量验评文件及环水保监理管理表格进行监理，定期报送简报，总结阶段成果。组织开展环保监理初检工作，做好工程中间验收、环保竣工自验收期间的监理工作，负责组织办理环保设施单元、分部、单位工程签证及签字盖章工作。配合相应环水保行政主管部门、国网公司、直流公司结合工程实际情况组织的环水保专项巡查工作，配合施工过程中建设管理单位组织的相关环保专家对现场工作进行指导和培训。

试运行阶段：配合整体工程环保验收调查单位提前介入开展工程环保工作，按要求完成监理环保总结报告，督促施工单位及时编制完成施工总结报告。结合现场大负荷试验进度，严格开展工程电磁环境监测工作，并督促责任单位完成问题整改，确保环水保措施的落实和整改。土地复垦单位在完成临时租用地的复垦工作后，应与当地政府办理移交手续。配合整体工程环水保监理总结的编制工作。

（6）运行单位职责。

监督线路工程的工程质量，同时根据以往线路的运行经验，在线路工程建设中积极参与，协助建设单位把好技术关。

协助建设单位做好工程建设前期有关的政策处理工作。做好线路投运前的生产准备工作。组织线路生产运行的工人、技术人员、管理人员进行培训。

运行单位参与工程创优策划；依据相关规定，参与工程中间验收、竣工验收；加强记录管理；配合建设单位开展达标投产、创优申报、迎检等工作，编写本单位工程创优总结。

1.3 业主项目部建设

（1）定位。业主项目部是由业主派驻现场，代表业主履行项目管理职责的工程项目管理执行单元，通过计划、组织、协调、监督、评价等管理手段，推动工程建设按计划实施，实现工程各项建设目标。

（2）组建原则。所有特高压直流工程必须组建业主项目部。业主项目部配备业主项目经理（根据需要配备副经理）、建设协调、安全管理、质量管理、造价管理、技术管理等管理岗位，以及属地协调联系人、物资协调联系人。根据建设任务和管理力量，业主项目部管理人员可在同一个业主项目部内兼任多个管理岗位。业主项目经理应由具备基建项目综合管理能力和良好协调能力的管理人员担任，业主项目经理须通过公司总部或省级公司组织的培训考试。业主项目部属地协调联系人由相应属地公司指派，物资协调联系人由物资部门指派，均接受业主项目经理的业务管理，参与业主项目部的管理工作。

业主项目经理及其他管理人员选配，必须以管理到位、履职尽责为原则，以实现最佳管理绩效为目的。各单位可根据项目管理需要和管理人员情况，具体制订本单位业主项目部管理人员的配备要求。

（3）组建方式与要求。基建管理部门根据本单位建设管理力量、年度电网建设进度计划等实际情况，在工程前期工作启动前组建业主项目部，并以文件形式任命项目经理及其他管理人员。

公司总部委托直属建设公司建设管理的工程项目，由直属建设公司发文任命业主项目经理及其他管理人员，由属地公司指派属地协调联系人。

（4）报备要求。特高压直流工程分别向国网基建部及国网直流部报备。

省级公司受公司总部委托建设管理的输变电工程业主项目部组建及管理人员任命需向国网基建部报备。

业主项目经理或其他管理人员发生变动时，应重新发文和报备。

第2章 管理流程

2.1 工程管理目标

按照工程里程碑计划，建设"安全可靠、自主创新、经济合理、环境友好、国际一流"的优质精品工程，确保一次投运成功、长期安全运行。关注工程的重要性、示范性和工程的建设对电网和世界联网及智能电网的建设作用，同时需要关注工程可能产生的巨大环保或经济效益，以及与国家大政方针之间的重要意义或特殊性。特高压直流工程建设的总体目标一般是：建设"安全可靠、先进适用、经济合理、环境友好、国际一流"的精品工程；创国家优质工程金奖；创建××优质（示范或典范）工程。

（1）安全目标。不发生六级及以上人身事件；不发生因工程建设引起的六级及以上电网及设备事件；不发生六级及以上施工机械设备事件；不发生火灾事故；不发生环境污染事件；不发生负主要责任的一般交通事故；不发生基建信息安全事件；不发生对公司造成影响的安全稳定事件。

（2）质量目标。输变电工程"标准工艺"应用率100%；工程"零缺陷"投运；实现工程达标投产及国家电网公司优质工程目标；创中国电力优质工程，创国家级优质工程金奖；工程使用寿命满足公司质量要求；不发生因工程建设原因造成的六级及以上工程质量事件；根据工程建设规划需要创建的××优质（典范）工程。

（3）进度目标。确保工程开、竣工时间和里程碑进度计划按时完成。落实工程计划开工建设时间，全线架通时间节点和全线具备带电条件时间节点。通道清理工作和环水保设施与本体工程同步完成竣工验收。工程建设档案移交时间满足国家电网公司档案管理的相关规定。

（4）投资目标。在满足安全质量的前提下，优化工程技术方案，严格规范建设过程中设计变更、现场签证，严格执行合同，做好工程项目结算工作，合理控制工程造价。初步设计审批概算不超过工程估算，最终投资经济合理，不超过初步设计批复概算。目前，要求批复概算与同口径竣工决算相比节余率控制在3%～5%。

（5）档案管理目标。工程档案资料与工程进度同步形成，工程纸质档案与数字化档案同步建立、同步移交，做到数据真实、系统、完整。前期文件、施工记录与竣工图真实、准确；案卷题名准确规范，组卷系统、规范，装订整齐。通过国家档案局组织的档案专项验收，争创"全国建设项目档案管理示范工程"。

（6）环境保护目标。全面落实环境影响报告书及其批复要求，环保措施落实到位，加强工程建设期间的环境保护工作，确保通过建设项目竣工环境保护验收。

（7）水土保持目标。全面落实水土保持方案报告书及其批复要求，水土保持措施落实到位，加强工程建设期间的水土保持工作，通过工程建设期间的各项水保检查，确保通过建设项目水土保持设施竣工验收。

（8）科研工作目标。针对工程特点立项开展现场建设类工程单项研究专题项目攻关，解决工程建设难题。完成全部立项项目的科研任务。科研成果全部转化为工程应用，并形成必要的标准化工艺和规程规范。

2.2 项目管理流程

工程建设过程划分为项目前期、工程前期、工程建设与总结评价四个阶段。项目建设管理总体流程见图 2-1。项目管理工作单项业务流程包括项目管理策划流程、项目进度管理流程、项目招标配合流程、合同履约管理流程、竣工验收与启动工作管理流程和项目管理综合评价流程，分别见图 2-2～图 2-7。

阶段	流程	责任单位
项目前期阶段	项目可研 → 规划许可 / 土地预审 / 环境评价 / 地质灾害评估	发展策划部门归口管理，基建部门参与
	项目可研评审 → 压覆矿产评估 / 水土保持、社会稳定风险、节能评估	发展策划部门归口管理，基建部门参与
	申请项目核准	政府主管部门核准
	可研批复	发展策划部门归口管理
工程前期阶段	根据特高压直流工程建设进度计划，成立业主项目部并报备	建设管理单位
	项目管理策划	业主项目部(建设管理单位汇总)
	设计招标配合	建设管理单位
	初步设计	中标设计院
	初步设计审查 → 建设用地规划许可	建设管理单位
	物资招标配合 → 办理土地证	业主项目部(建设管理单位汇总)
	施工图纸设计 → 建设工程规划许可	中标设计院
	施工、监理招标配合 → 办理施工许可证	业主项目部(建设管理单位汇总)
	四通一平	业主项目部
工程建设阶段	落实标准化开工条件 → 合同管理/进度管理/建设协调/安全管理/质量管理/造价控制/技术管理/档案管理	业主项目部
	土建（基础施工）	业主项目部
	安装（杆塔组装）	业主项目部
	调试（架线施工）	业主项目部
	竣工预验收	建设管理单位
	竣工验收	省级公司或者项目法人组织(业主项目部配合)
	投运前质量监督	工程质量监督店
	启动投运	启委会组织(业主项目部配合)
总结评价阶段	对参建单位综合评价	业主项目部(建设管理单位配合)
	组织工程档案移交	业主项目部(建设管理单位配合)
	办理房产证 / 工程结算 / 专项验收	建设管理单位(业主项目部配合)
	配合工程结算审价	建设管理单位(业主项目部配合)
	配合财务竣工决算	建设管理单位(业主项目部配合)
	配合竣工结算审计	建设管理单位(业主项目部配合)
	达标投产	建设管理单位(业主项目部配合)
	工程创优	建设管理单位(业主项目部配合)

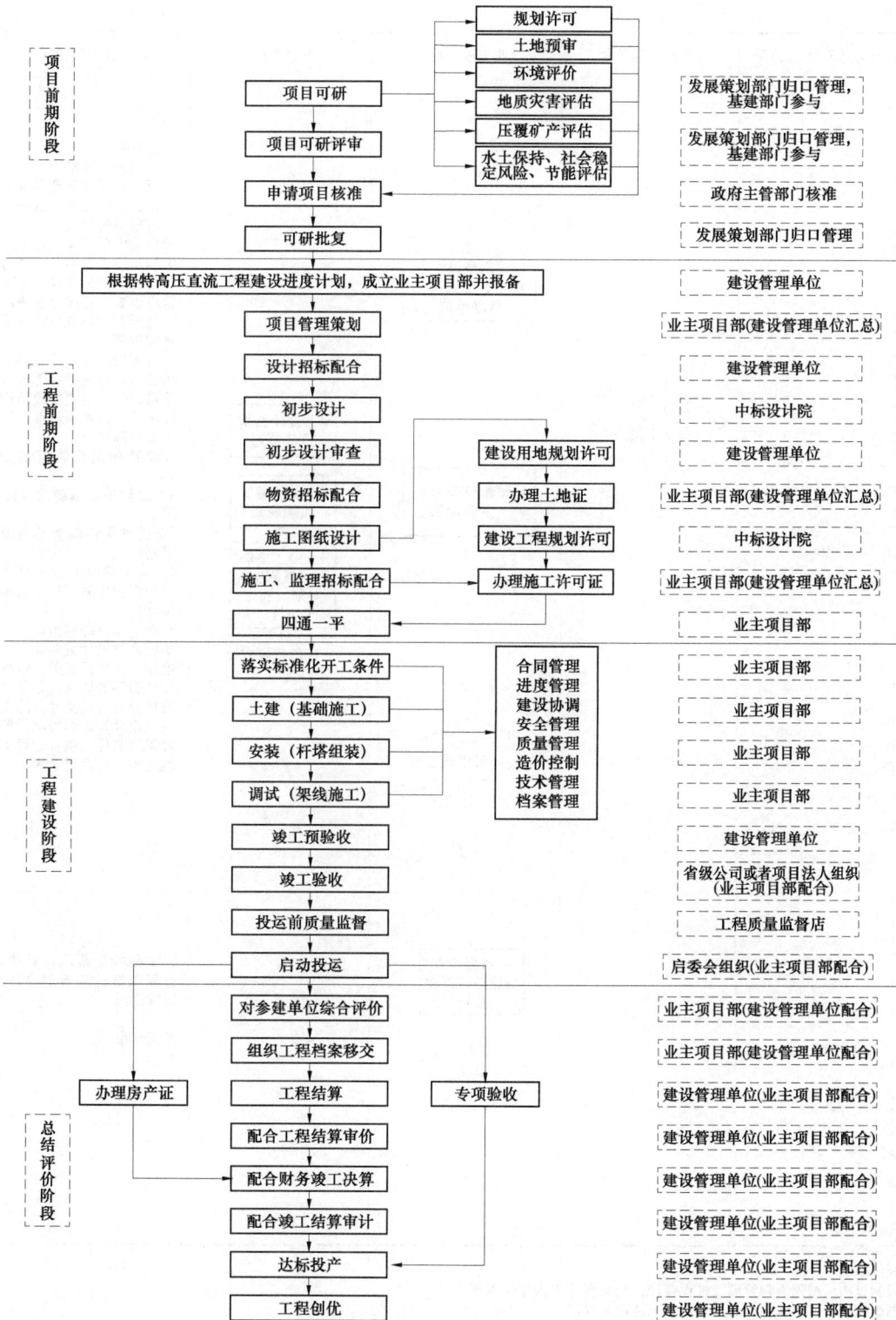

图 2-1 项目建设管理总体流程

注：500kV 及以上项目需开展水土保持、社会稳定风险、节能评估等工作。

公司总部/省级公司	建设管理单位	业主项目部	参建单位	过程描述
工程前期阶段				流程开始。 1. 业主项目部根据《国家电网公司基建管理通则》等相关文件要求，依据项目可研报告以及建设管理单位确定项目建设目标，编制建设管理纲要，填写项目管理策划文件（建设管理纲要）管控记录表。 2. 建设管理单位审批建设管理纲要。 3. 确定监理、设计、施工单位后，业主项目部负责将建设管理纲要发放给设计单位、监理项目部、施工项目部。 4. 参建单位编制策划文件： 4.1 设计单位编制的设计策划； 4.2 监理单位编制的监理策划； 4.3 施工单位编制的项目管理实施规划（施工组织设计）。 5. 业主项目部初步设计开始前审批设计编制的设计策划；工程开工前，审批监理编制的监理规划填写项目管理策划文件（施工组织设计）。填写项目管理策划文件（项目管理实施规划）管控记录表。

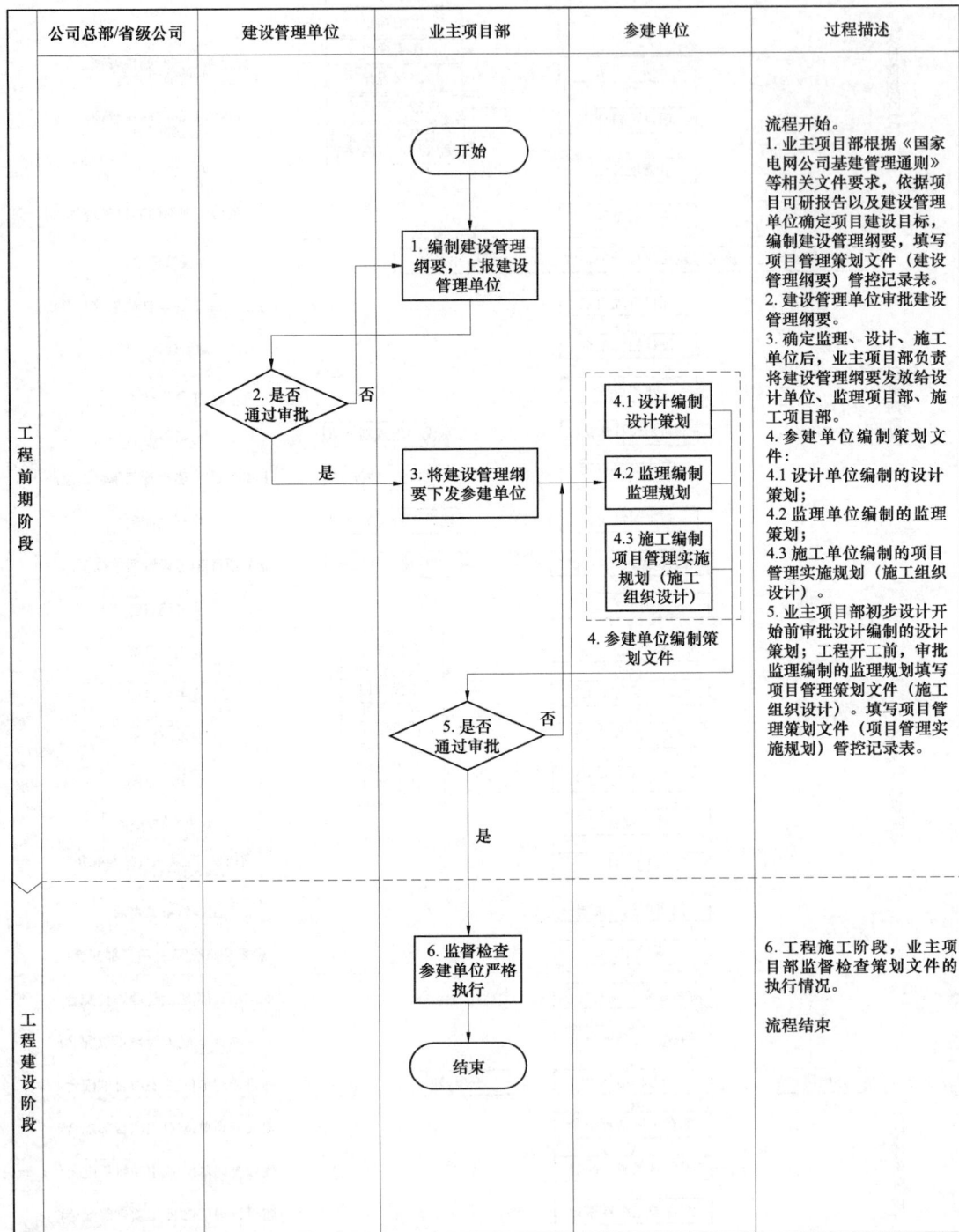

图 2-2 项目管理策划流程

编制说明：
1. 编制目的：加强策划管理及过程管控，全面提升工程建设水平。
2. 编制依据：《国家电网公司基建管理通则》等。

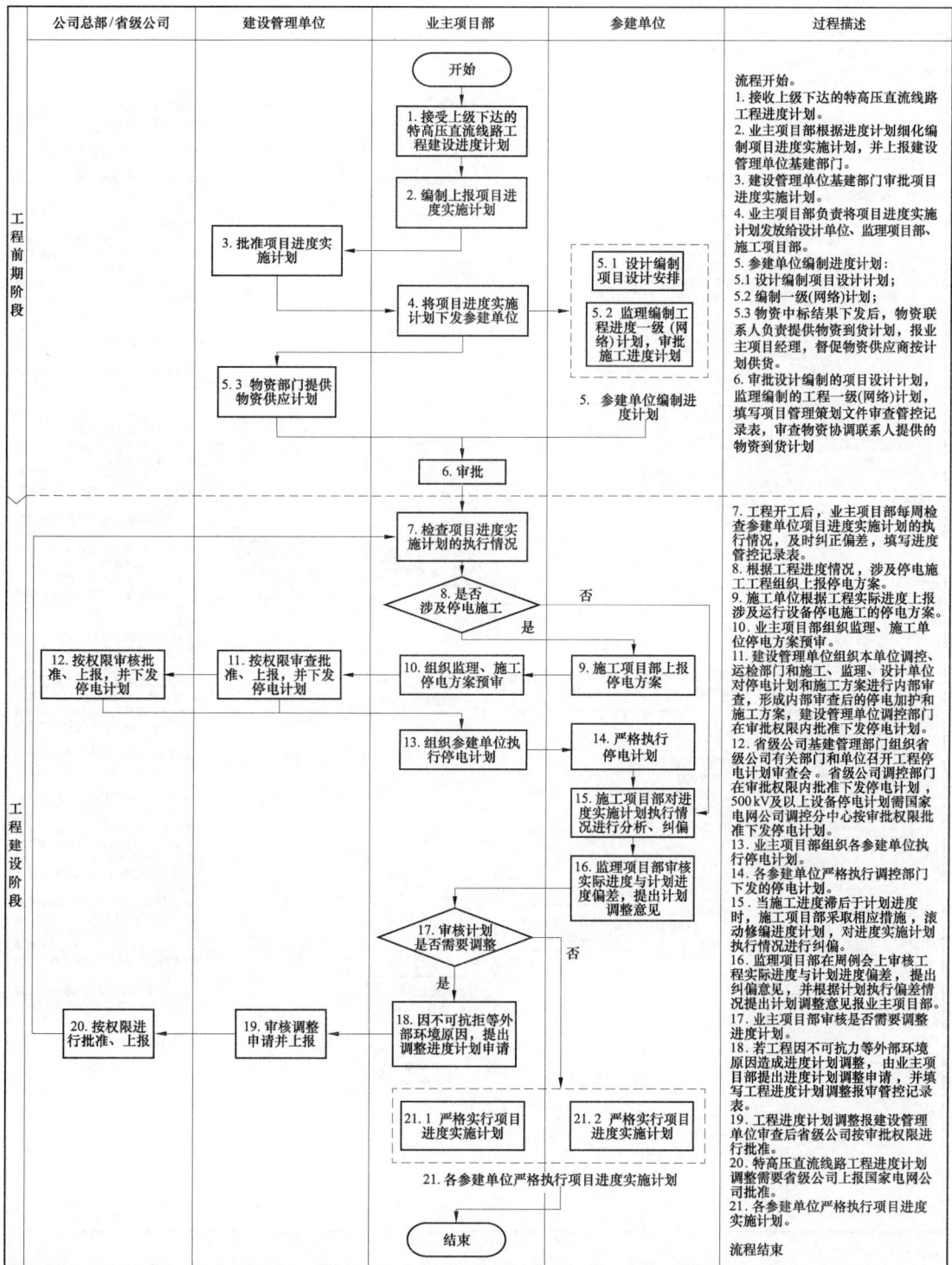

公司总部/省级公司	建设管理单位	业主项目部	参建单位	过程描述

工程前期阶段

开始

1.接受上级下达的特高压直流线路工程建设进度计划

2.编制上报项目进度实施计划

3.批准项目进度实施计划

4.将项目进度实施计划下发参建单位

5.1 设计编制项目设计安排

5.2 监理编制工程进度一级（网络）计划，审批施工进度计划

5.3 物资部门提供物资供应计划

5. 参建单位编制进度计划

6.审批

工程建设阶段

7.检查项目进度实施计划的执行情况

8.是否涉及停电施工 否

12.按权限审核批准、上报，并下发停电计划

11.按权限审查批准、上报，并下发停电计划

10.组织监理、施工停电方案预审

9.施工项目部上报停电方案

13.组织参建单位执行停电计划

14.严格执行停电计划

15.施工项目部对进度实施计划执行情况进行分析、纠偏

16.监理项目部审核实际进度与计划进度偏差，提出计划调整意见

17.审核计划是否需要调整 否

20.按权限进行批准、上报

19.审核调整申请并上报

18.因不可抗拒等外部环境原因，提出调整进度计划申请

21.1 严格实行项目进度实施计划

21.2 严格实行项目进度实施计划

21.各参建单位严格执行项目进度实施计划

结束

过程描述：

流程开始。
1.接收上级下达的特高压直流线路工程进度计划。
2.业主项目部根据进度计划细化编制项目进度实施计划，并上报建设管理单位基建部门。
3.建设管理单位基建部门审批项目进度实施计划。
4.业主项目部负责将项目进度实施计划发放给设计单位、监理项目部、施工项目部。
5.参建单位编制进度计划：
5.1 设计编制项目设计计划；
5.2 编制一级（网络）计划；
5.3 物资中标结果下发后，物资联系人负责提供物资到货计划，报业主项目经理，督促物资供应商按计划供货。
6.审批设计编制的项目设计计划，监理编制的工程一级（网络）计划，填写项目管理策划文件审查管控记录表，审查物资协调联系人提供的物资到货计划。
7.工程开工后，业主项目部每周检查参建单位项目进度实施计划的执行情况，及时纠正偏差，填写进度管控记录表。
8.根据工程进度情况，涉及停电施工工程组织上报停电方案。
9.施工单位根据工程实际进度上报涉及运行设备停电施工的停电方案。
10.业主项目部组织监理、施工单位停电方案预审。
11.建设管理单位组织本单位调控、运检部门和施工、监理、设计单位对停电计划和施工方案进行内部审查，形成内部审查后的停电加护和施工方案，建设管理单位调控部门在审批权限内批准下发停电计划。
12.省级公司基建管理部门组织省级公司有关部门和单位召开工程停电计划审查会。省级公司调控部门在审批权限内批准下发停电计划，500kV及以上设备停电计划需国家电网公司调控分中心按审批权限批准下发停电计划。
13.业主项目部组织各参建单位执行停电计划。
14.各参建单位严格执行调控部门下发的停电计划。
15.当施工进度滞后于计划进度时，施工项目部采取相应措施，滚动修编进度计划，对进度实施计划执行情况进行纠偏。
16.监理项目部在周例会上审核工程实际进度与计划进度偏差，提出纠偏意见，并根据计划执行偏差情况提出计划调整意见报业主项目部。
17.业主项目部审核是否需要调整进度计划。
18.若工程因不可抗力等外部环境原因造成进度计划调整，由业主项目部提出进度计划调整申请，并填写工程进度计划调整报审管控记录表。
19.工程进度计划调整报建设管理单位审查后经省级公司按审批权限进行批准。
20.特高压直流线路工程进度计划调整需要省级公司上报国家电网公司批准。
21.各参建单位严格执行项目进度实施计划。

流程结束

编制说明：
1.编制目的：明确工程前期、工程建设阶段各级管理部门进度管理的工作职责和要求，理顺特高压直流线路工程项目进度管理的基本流程，促进该项工作有序运行。
2.编制依据：《国家电网公司输变电工程工期与进度管理办法》《国家电网公司输变电工程开工管理办法》等。

图2-3 项目进度管理流程

公司总部	省级公司	建设管理单位	业主项目部	参建单位	过程描述

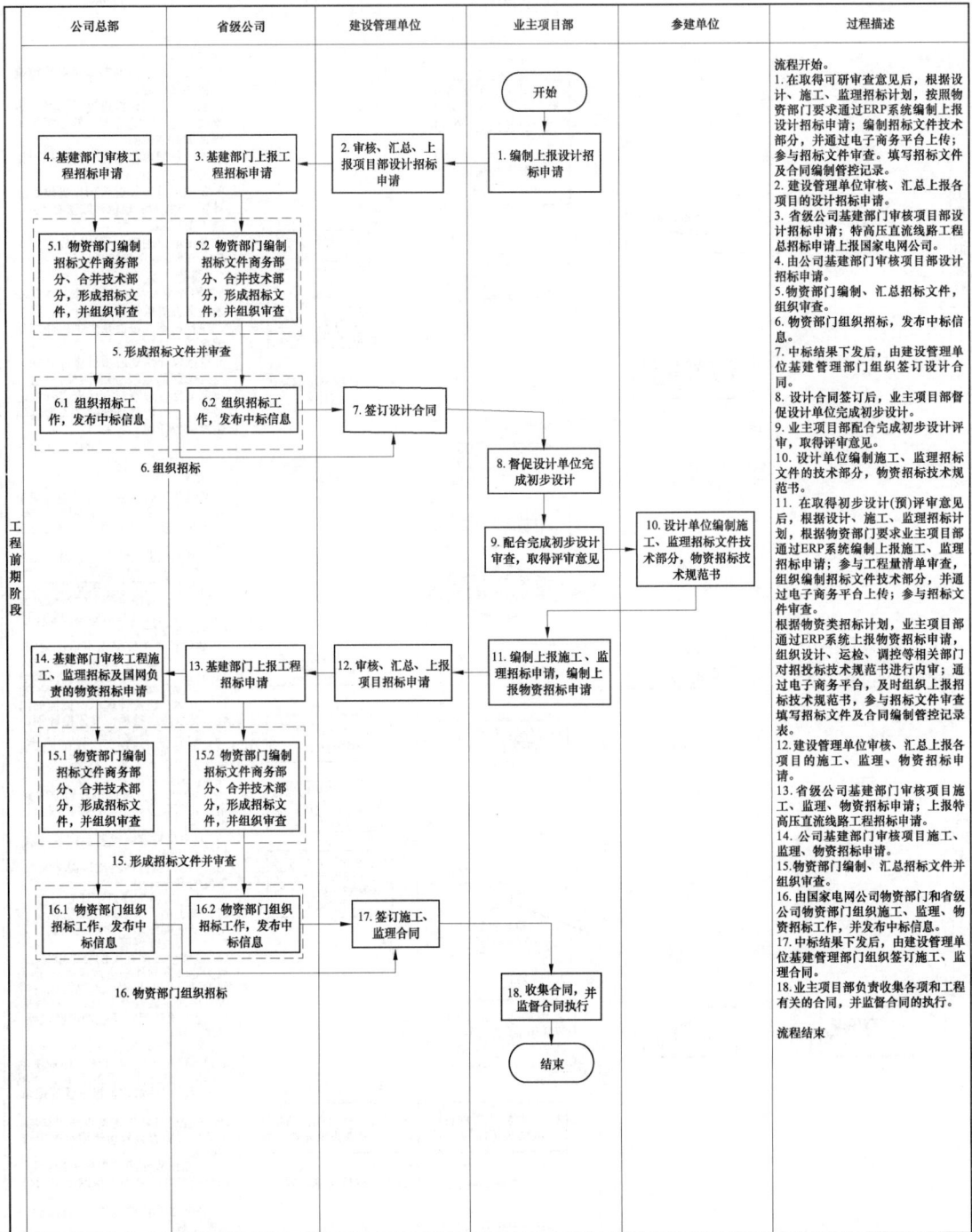

过程描述栏内容：

流程开始。
1. 在取得可研审查意见后，根据设计、施工、监理招标计划，按照物资部门要求通过ERP系统编制上报设计招标申请，并通过电子商务平台上传；参与招标文件审查。填写招标文件及合同编制管控记录。
2. 建设管理单位审核、汇总上报各项目的设计招标申请。
3. 省级公司基建部门审核项目部设计招标申请；特高压直流线路工程总招标申请上报国家电网公司。
4. 由公司基建部门审核项目部设计招标申请。
5. 物资部门编制、汇总招标文件，组织审查。
6. 物资部门组织招标，发布中标信息。
7. 中标结果下发后，由建设管理单位基建管理部门组织签订设计合同。
8. 设计合同签订后，业主项目部督促设计单位完成初步设计。
9. 业主项目部配合完成初步设计评审，取得评审意见。
10. 设计单位编制施工、监理招标文件的技术部分，物资招标技术规范书。
11. 在取得初步设计(预)评审意见后，根据设计、施工、监理招标计划，根据物资部门要求业主项目部通过ERP系统编制上报施工、监理招标申请；参与工程量清单审查，组织编制招标文件技术部分，并通过电子商务平台上传；参与招标文件审查。
根据物资类招标计划，业主项目部通过ERP系统上报物资招标申请，组织设计、运检、调控等相关部门对投招标技术规范书进行内审；通过电子商务平台，及时组织上报招标技术规范书，参与招标文件审查并填写招标文件及合同编制管控记录表。
12. 建设管理单位审核、汇总上报各项目的施工、监理、物资招标申请。
13. 省级公司基建部门审核项目施工、监理、物资招标申请；上报特高压直流线路工程招标申请。
14. 公司基建部门审核项目施工、监理、物资招标申请。
15. 物资部门编制、汇总招标文件并组织审查。
16. 由国家电网公司物资部门和省级公司物资部门组织施工、监理、物资招标工作，并发布中标信息。
17. 中标结果下发后，由建设管理单位基建管理部门组织签订施工、监理合同。
18. 业主项目部负责收集各项和工程有关的合同，并监督合同的执行。

流程结束

编制说明：
1. 编制目的：明确了公司总部、省级公司、建设管理单位、相关参建单位的工作界面，规范了基建工程招标配合工作流程。
2. 编制依据：《国家电网公司非招标方式采购活动管理办法》《国家电网公司招标活动管理办法》《国家电网公司输变电工程设计、施工、监理招标集中管理规定(试行)》《关于印发进一步加强输变电工程设计、施工、管理集中招标指导意见的通知》(基建建设〔2012〕84号)。

图 2-4　项目招标配合流程

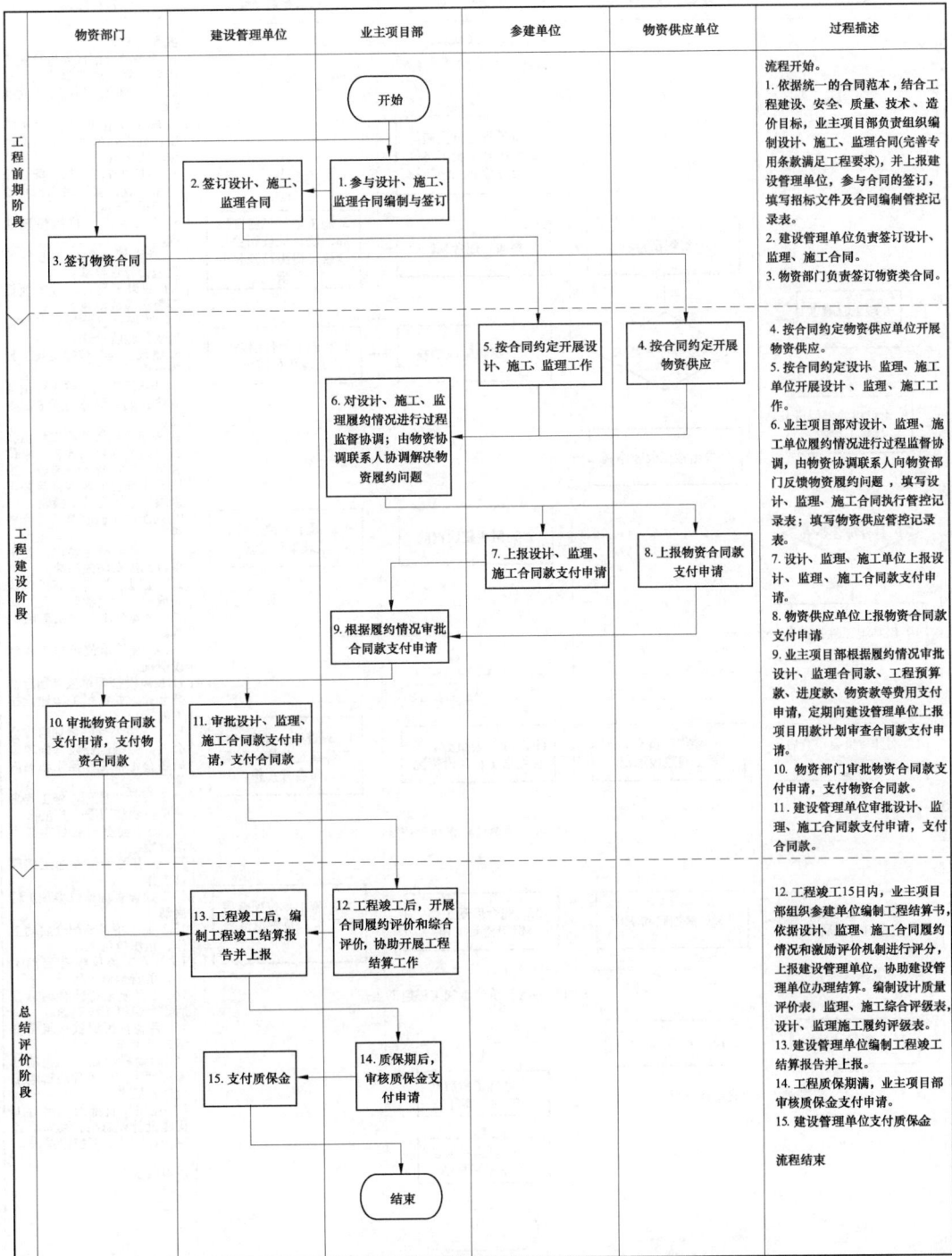

物资部门	建设管理单位	业主项目部	参建单位	物资供应单位	过程描述
		开始			流程开始。 1. 依据统一的合同范本，结合工程建设、安全、质量、技术、造价目标，业主项目部负责组织编制设计、施工、监理合同(完善专用条款满足工程要求)，并上报建设管理单位，参与合同的签订，填写招标文件及合同编制管控记录表。 2. 建设管理单位负责签订设计、监理、施工合同。 3. 物资部门负责签订物资类合同。
	2.签订设计、施工、监理合同	1.参与设计、施工、监理合同编制与签订			
3.签订物资合同					
		5.按合同约定开展设计、施工、监理工作		4.按合同约定开展物资供应	4. 按合同约定物资供应单位开展物资供应。 5. 按合同约定设计、监理、施工单位开展设计、监理、施工工作。 6. 业主项目部对设计、监理、施工单位履约情况进行过程监督协调，由物资协调联系人向物资部门反馈物资履约问题，填写设计、监理、施工合同执行管控记录表；填写物资供应管控记录表。 7. 设计、监理、施工单位上报设计、监理、施工合同款支付申请。 8. 物资供应单位上报物资合同款支付申请。 9. 业主项目部根据履约情况审批设计、监理合同款、工程预算款、进度款、物资款等费用支付申请，定期向建设管理单位上报项目用款计划审查合同款支付申请。 10. 物资部门审批物资合同款支付申请，支付物资合同款。 11. 建设管理单位审批设计、监理、施工合同款支付申请，支付合同款。
		6.对设计、施工、监理履约情况进行过程监督协调；由物资协调联系人协调解决物资履约问题			
		7.上报设计、监理、施工合同款支付申请		8.上报物资合同款支付申请	
		9.根据履约情况审批合同款支付申请			
10.审批物资合同款支付申请，支付物资合同款	11.审批设计、监理、施工合同款支付申请，支付合同款				
	13.工程竣工后，编制工程竣工结算报告并上报	12.工程竣工后，开展合同履约评价和综合评价，协助开展工程结算工作			12. 工程竣工15日内，业主项目部组织参建单位编制工程结算书，依据设计、施工合同履约情况和激励评价机制进行评分，上报建设管理单位，协助建设管理单位办理结算。编制设计质量评价表，监理、施工综合评级表，设计、监理施工履约评级表。 13. 建设管理单位编制工程竣工结算报告并上报。 14. 工程质保期满，业主项目部审核质保金支付申请。 15. 建设管理单位支付质保金 流程结束
15.支付质保金		14.质保期后，审核质保金支付申请			
		结束			

编制说明：
1. 编制目的：本流程适用于特高压直流线路工程合同管理，明确了省级公司、建设管理单位、业主项目部及工程参建单位、物资供应单位职责，规范了合同管理。
2. 编制依据：国家电网公司输变电工程勘测设计、监理、施工委托合同(范本)，《国家电网公司输变电工程质量管理办法》《国家电网公司基建部关于加强业主项目部标准化管理的通知》等。

图2-5 合同履约管理流程

省级公司	建设管理单位	业主项目部	项目参建单位	过程描述

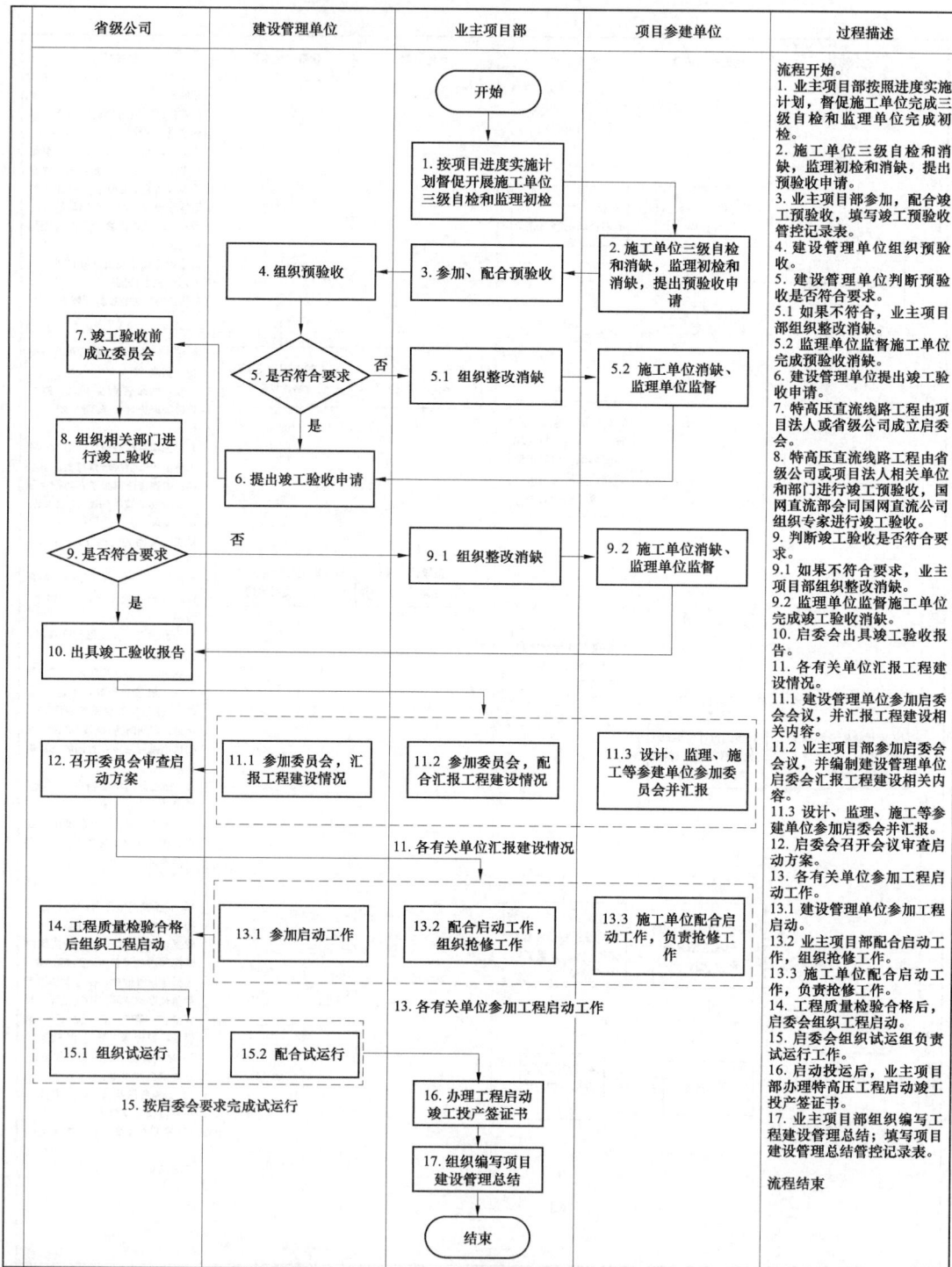

图 2-6 竣工验收与启动工作管理流程

编制说明:
1.编制目的:本流程规范了特高压直流线路工程竣工验收及启动工作管理阶段的工作要求,有利于理顺工程竣工验收及启动管理的基本流程,促进该项工作有序进行。
2.编制依据:《110kV及以上送变电工程启动及竣工验收规程》(DL/T 782—2001)、《国家电网公司基建部质量管理办法》等。

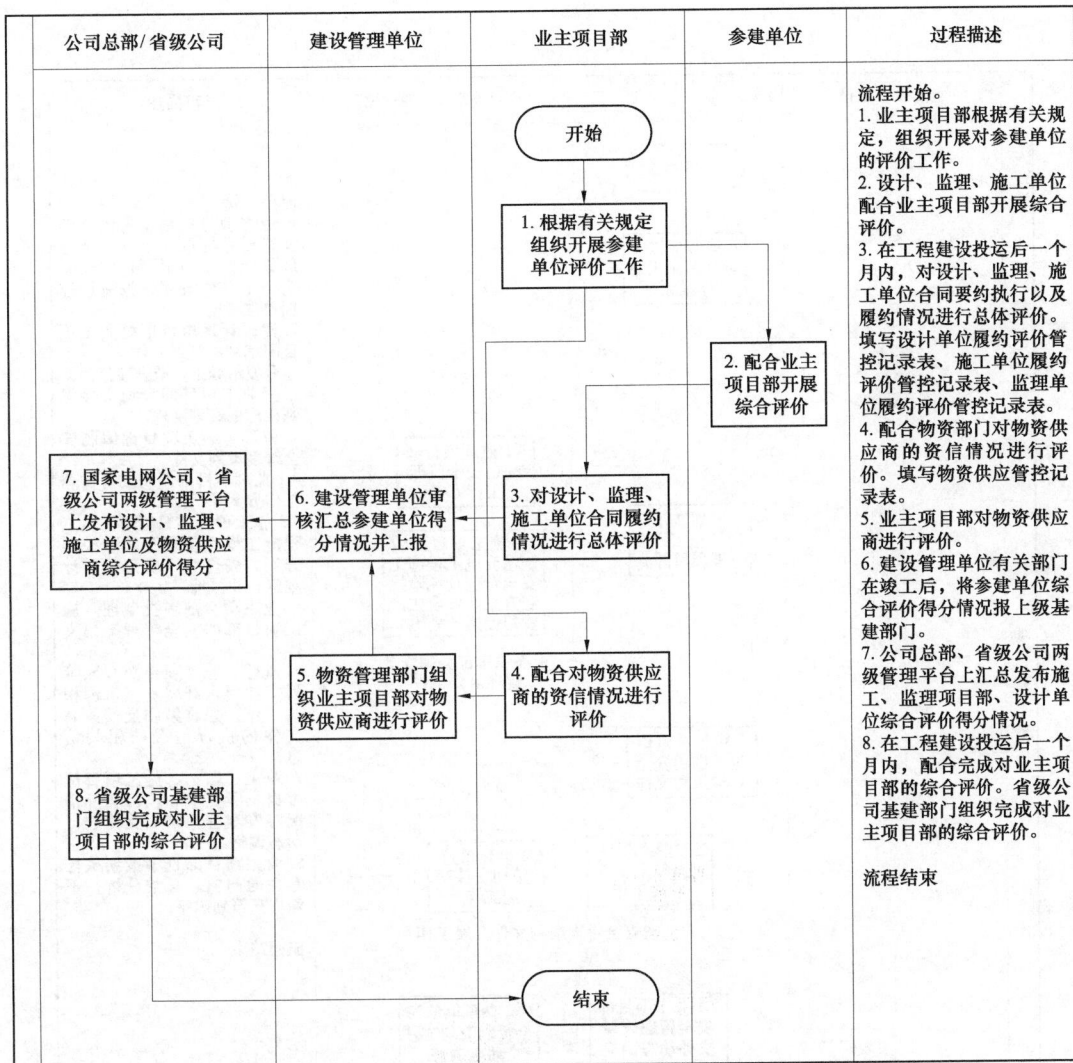

公司总部/省级公司	建设管理单位	业主项目部	参建单位	过程描述
		开始		流程开始。 1. 业主项目部根据有关规定，组织开展对参建单位的评价工作。 2. 设计、监理、施工单位配合业主项目部开展综合评价。 3. 在工程建设投运后一个月内，对设计、监理、施工单位合同要约执行以及履约情况进行总体评价。填写设计单位履约评价管控记录表、施工单位履约评价管控记录表、监理单位履约评价管控记录表。 4. 配合物资部门对物资供应商的资信情况进行评价。填写物资供应管控记录表。 5. 业主项目部对物资供应商进行评价。 6. 建设管理单位有关部门在竣工后，将参建单位综合评价得分情况报上级基建部门。 7. 公司总部、省级公司两级管理平台上汇总发布施工、监理项目部、设计单位综合评价得分情况。 8. 在工程建设投运后一个月内，配合完成对业主项目部的综合评价。省级公司基建部门组织完成对业主项目部的综合评价。 流程结束
		1. 根据有关规定组织开展参建单位评价工作		
			2. 配合业主项目部开展综合评价	
7. 国家电网公司、省级公司两级管理平台上发布设计、监理、施工单位及物资供应商综合评价得分	6. 建设管理单位审核汇总参建单位得分情况并上报	3. 对设计、监理、施工单位合同履约情况进行总体评价		
8. 省级公司基建部门组织完成对业主项目部的综合评价	5. 物资管理部门组织业主项目部对物资供应商进行评价	4. 配合对物资供应商的资信情况进行评价		
		结束		

编制说明：
1. 编制目的：本流程适用于指导特高压直流线路工程设计、监理、施工的绩效评价、激励约束及资信评价工作；明确了业主项目部及相关单位的职责，充分发挥设计、监理、施工单位的积极性和创造性，有利于促进设计优化和技术创新，提升施工安全文明施工水平。
2. 编制依据：《国家电网公司输变电工程设计、施工、监理承包商资信管理办法》等。

图2-7 项目管理综合评价流程

2.3 安全管理流程

安全管理主要单项业务流程包括项目安全策划管理流程、项目安全风险管理流程、项目安全评价管理流程、项目分包安全管理流程、项目安全应急管理流程和项目安全检查管理流程，分别见图2-8～图2-13。

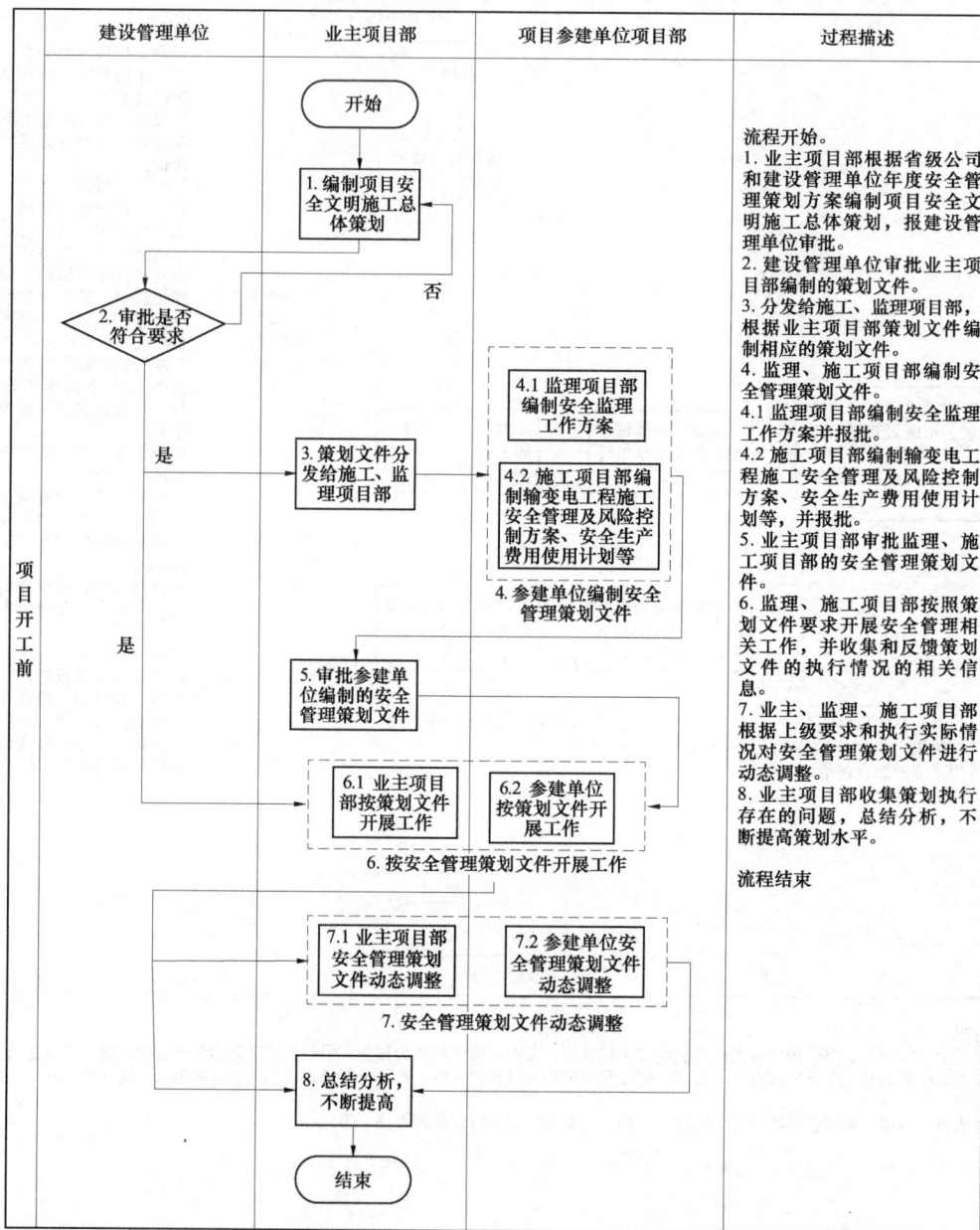

建设管理单位	业主项目部	项目参建单位项目部	过程描述

项目开工前

开始

1. 编制项目安全文明施工总体策划

2. 审批是否符合要求

否

是

是

3. 策划文件分发给施工、监理项目部

4.1 监理项目部编制安全监理工作方案

4.2 施工项目部编制输变电工程施工安全管理及风险控制方案、安全生产费用使用计划等

4. 参建单位编制安全管理策划文件

5. 审批参建单位编制的安全管理策划文件

6.1 业主项目部按策划文件开展工作

6.2 参建单位按策划文件开展工作

6. 按安全管理策划文件开展工作

7.1 业主项目部安全管理策划文件动态调整

7.2 参建单位安全管理策划文件动态调整

7. 安全管理策划文件动态调整

8. 总结分析，不断提高

结束

过程描述：

流程开始。
1. 业主项目部根据省级公司和建设管理单位年度安全管理策划方案编制项目安全文明施工总体策划，报建设管理单位审批。
2. 建设管理单位审批业主项目部编制的策划文件。
3. 分发给施工、监理项目部，根据业主项目部策划文件编制相应的策划文件。
4. 监理、施工项目部编制安全管理策划文件。
4.1 监理项目部编制安全监理工作方案并报批。
4.2 施工项目部编制输变电工程施工安全管理及风险控制方案、安全生产费用使用计划等，并报批。
5. 业主项目部审批监理、施工项目部的安全管理策划文件。
6. 监理、施工项目部按照策划文件要求开展安全管理相关工作，并收集和反馈策划文件的执行情况的相关信息。
7. 业主、监理、施工项目部根据上级要求和执行实际情况对安全管理策划文件进行动态调整。
8. 业主项目部收集策划执行存在的问题，总结分析，不断提高策划水平。

流程结束

编制说明
1. 编制目的：本流程适用于业主项目部安全管理策划管理，提出了业主项目部安全管理策划的全过程工作要求，明确了建设管理单位、业主项目部、参建单位项目部的工作职责，规范了项目安全策划管理。
2. 编制依据：《国家电网公司基建安全管理规定》等相关文件。

图 2-8 项目安全策划管理流程

业主项目部	项目参建单位项目部	过程描述
工程实施阶段		流程开始。 1. 开工前，业主项目部组织开展项目交底、风险点初勘。 2. 依据《国家电网公司输变电工程施工安全风险识别评估及预控通用办法》中《输变电工程固有风险汇总清册》，施工项目部选取对应工序风险等级，建立本项目的固有风险清册。 3. 判断风险等级是否≥三级。 4. 若风险等级≥三级，施工项目部选择本项目三级及以上风险工序，建立三级及以上风险清册，报监理项目部审查，报业主项目部审批。 5. 业主项目部审批确认三级及以上风险清册。 6. 分项工程作业前，施工项目部对三级及以上风险工序实地复测，填写作业风险现场复测单，按规定编制专项施工方案。 7. 若风险等级<三级，分项工程作业前，施工项目部复合各工序动态因素风险值。 8. 判断风险等级是否≥三级，若风险等级<三级，施工项目部直接组织实施。 9. 施工项目部计算动态风险等级，填写输变电工程安全施工作业票（B票），制订风险控制流程，报监理项目部审查，报业主项目部确认。 10. 业主项目部签字确认动态风险等级。 11. 工序作业前，施工项目部核查风险因素无变化。三级及以上风险作业前，施工项目部管理人员到位监督，监理实施旁站或巡视。 12. 到位监督。四级风险作业时，省级公司基建安全管理人员适时开展监督检查；建设单位相关管理人员组织现场检查；业主项目经历、业主项目部安全专责现场监督；监理单位相关管理人员组织现场检查，项目总监、安全监理工程师到场监督；施工单位相关管理人员组织现场检查，相关职能部门派专人监督，施工项目经理、专职安全员到位。五级风险作业时，省级公司相关人员监督检查，建设单位分管领导及相关人员到现场监督检查低风险等级实施；监理单位分管领导及相关人员到现场审查并旁站监督措施的落实；施工单位分管领导及相关人员到现场制订降低风险等级的措施并实施。 13. 三级及以上风险作业过程，施工项目部按作业步骤确认风险控制流程。 14. 施工项目部组织实施。 15. 业主项目部考核评价。 流程结束

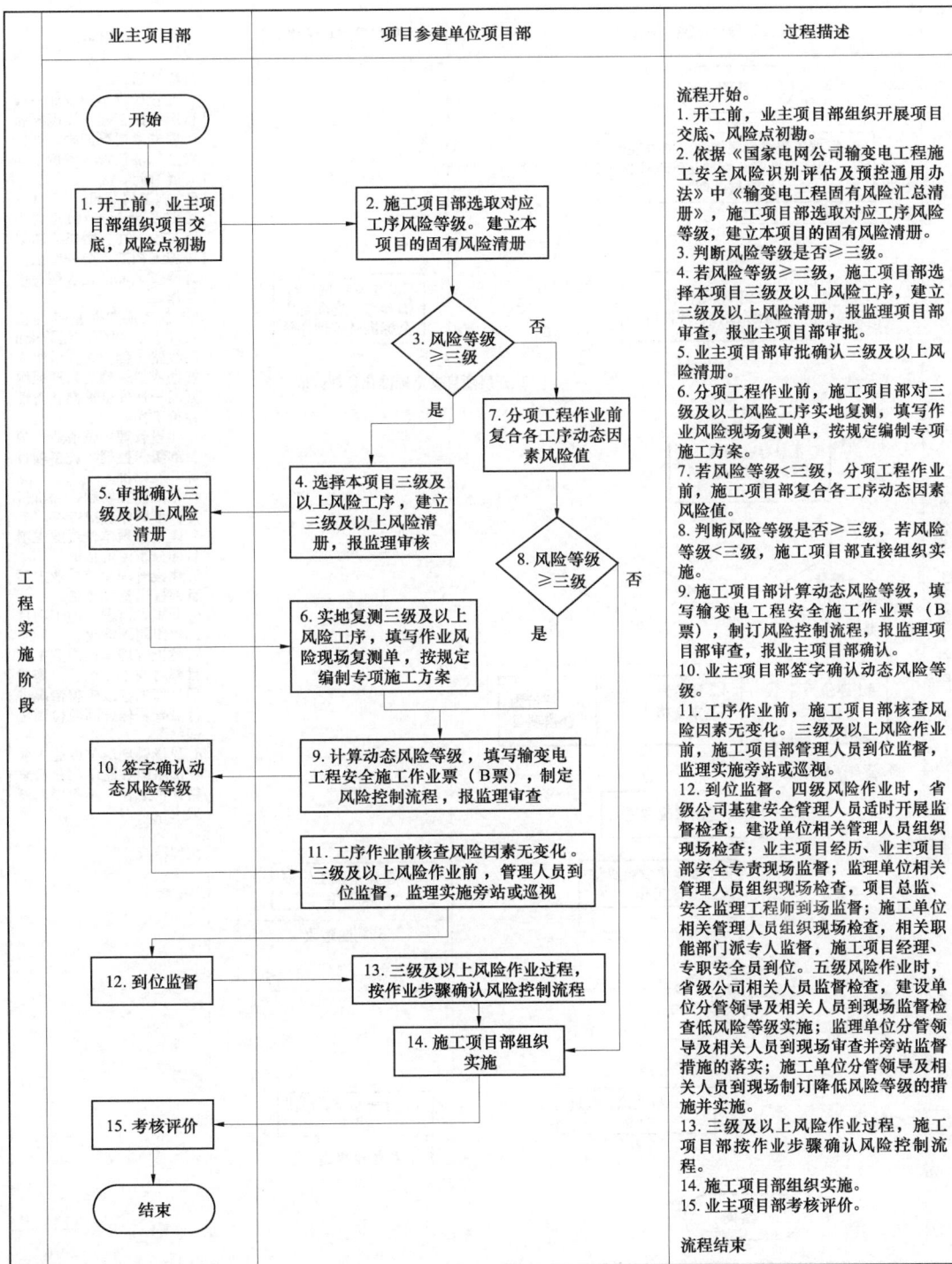

编制说明:

1. 编制目的: 本流程适用于业主项目部安全风险管理，提出了业主项目部项目安全风险管理的全过程工作要求，明确了业主项目部、参建单位项目部的工作职责，规范了项目安全风险管理工作。
2. 编制依据: 《国家电网公司输变电工程施工安全风险识别评估及预控办法》等相关文件。

图 2-9 项目安全风险管理流程

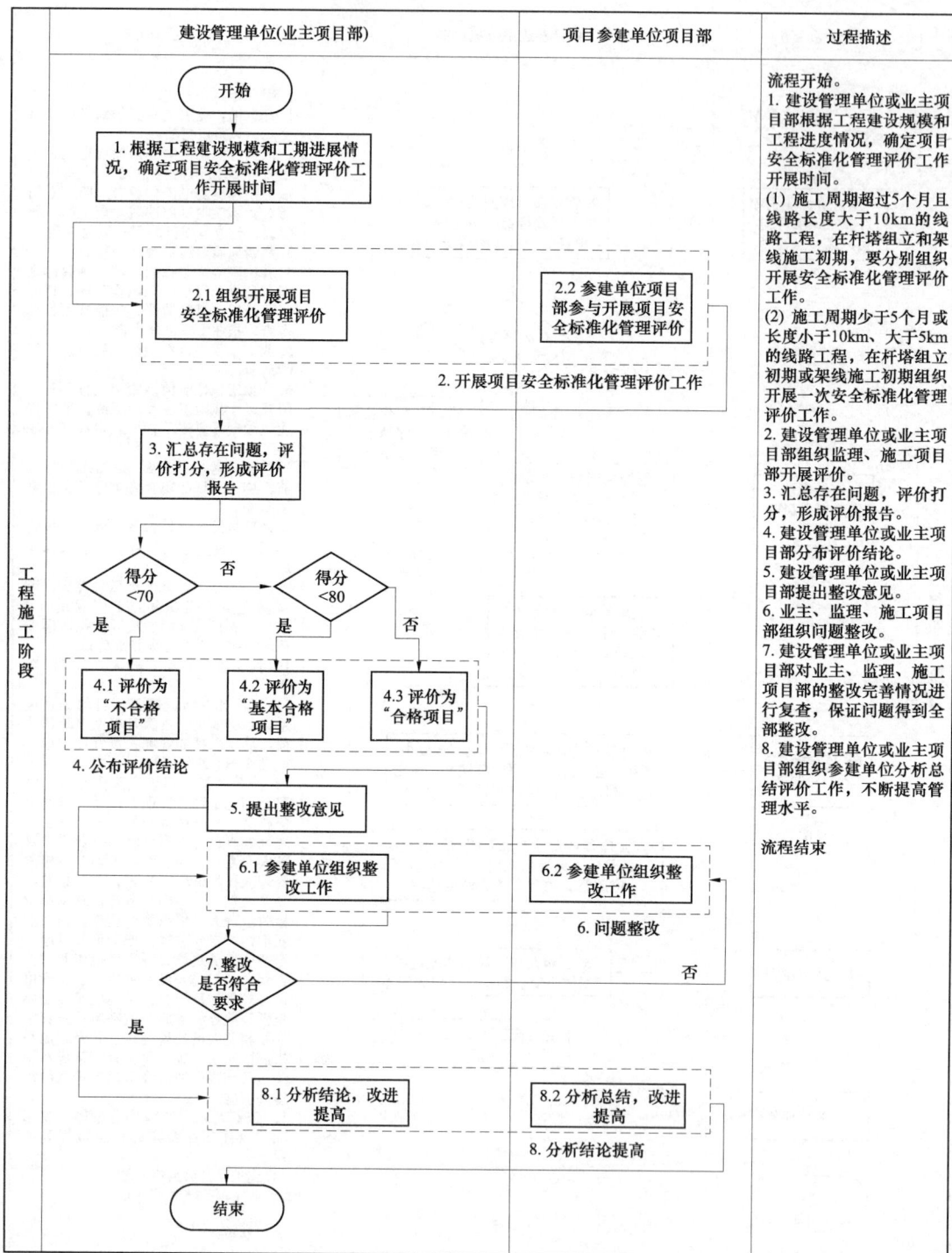

建设管理单位(业主项目部)	项目参建单位项目部	过程描述

工程施工阶段

```
                    ┌──────────┐
                    │   开始   │
                    └────┬─────┘
                         │
         ┌───────────────┴───────────────┐
         │ 1. 根据工程建设规模和工期进展情 │
         │ 况，确定项目安全标准化管理评价工 │
         │        作开展时间              │
         └───────────────┬───────────────┘
                         │
   ┌─────────────────────┼──────────────────────────┐
   │  ┌──────────────┐          ┌──────────────┐    │
   │  │ 2.1 组织开展项目│          │ 2.2 参建单位项目│    │
   │  │ 安全标准化管理评价│        │ 部参与开展项目安│    │
   │  │              │          │ 全标准化管理评价 │    │
   │  └──────────────┘          └──────────────┘    │
   └────────────────────────────────────────────────┘
              2. 开展项目安全标准化管理评价工作
                         │
              ┌──────────┴──────────┐
              │ 3. 汇总存在问题，评  │
              │ 价打分，形成评价     │
              │        报告         │
              └──────────┬──────────┘
                         │
      ┌────────┐   否   ┌────────┐
      │ 得分   ├───────→│ 得分   │
      │ <70    │        │ <80    │
      └───┬────┘        └───┬────┘
        是│             是│     否│
   ┌──────┴──┐     ┌──────┴──┐ ┌──────┴──┐
   │4.1 评价为│     │4.2 评价为│ │4.3 评价为│
   │"不合格   │     │"基本合格 │ │"合格项目"│
   │ 项目"    │     │ 项目"    │ │          │
   └─────────┘     └─────────┘ └─────────┘
              4. 公布评价结论
                         │
              ┌──────────┴──────────┐
              │   5. 提出整改意见   │
              └──────────┬──────────┘
   ┌─────────────────────┼──────────────────────────┐
   │  ┌──────────────┐          ┌──────────────┐    │
   │  │ 6.1 参建单位组织整│        │ 6.2 参建单位组织整│   │
   │  │  改工作        │          │  改工作        │    │
   │  └──────────────┘          └──────────────┘    │
   └────────────────────────────────────────────────┘
                     6. 问题整改
                         │
              ┌──────────┴──────────┐
              │  7. 整改           │
              │  是否符合          │      否
              │   要求             ├──────────────────
              └──────────┬──────────┘
                       是│
   ┌─────────────────────┼──────────────────────────┐
   │  ┌──────────────┐          ┌──────────────┐    │
   │  │ 8.1 分析结论，改进│        │ 8.2 分析总结，改进│   │
   │  │  提高          │          │  提高          │    │
   │  └──────────────┘          └──────────────┘    │
   └────────────────────────────────────────────────┘
                   8. 分析结论提高
                         │
                    ┌────┴─────┐
                    │   结束   │
                    └──────────┘
```

过程描述：

流程开始。
1. 建设管理单位或业主项目部根据工程建设规模和工程进度情况，确定项目安全标准化管理评价工作开展时间。
(1) 施工周期超过5个月且线路长度大于10km的线路工程，在杆塔组立和架线施工初期，要分别组织开展安全标准化管理评价工作。
(2) 施工周期少于5个月或长度小于10km、大于5km的线路工程，在杆塔组立初期或架线施工初期组织开展一次安全标准化管理评价工作。
2. 建设管理单位或业主项目部组织监理、施工项目部开展评价。
3. 汇总存在问题，评价打分，形成评价报告。
4. 建设管理单位或业主项目部分布评价结论。
5. 建设管理单位或业主项目部提出整改意见。
6. 业主、监理、施工项目部组织问题整改。
7. 建设管理单位或业主项目部对业主、监理、施工项目部的整改完善情况进行复查，保证问题得到全部整改。
8. 建设管理单位或业主项目部组织参建单位分析总结评价工作，不断提高管理水平。

流程结束

编制说明
1. 编制目的：本流程适用于建设管理或业主项目部，提出了建设管理单位和业主项目部安全标准化管理评价工程流程，明确了建设管理单位、业主项目部、参建单位项目部的工作职责，规范了项目安全标准化管理评价工作。
2. 编制依据：《国家电网公司输变电工程安全文明施工标准化管理标准》等相关文件。

图 2-10 项目安全评价管理流程

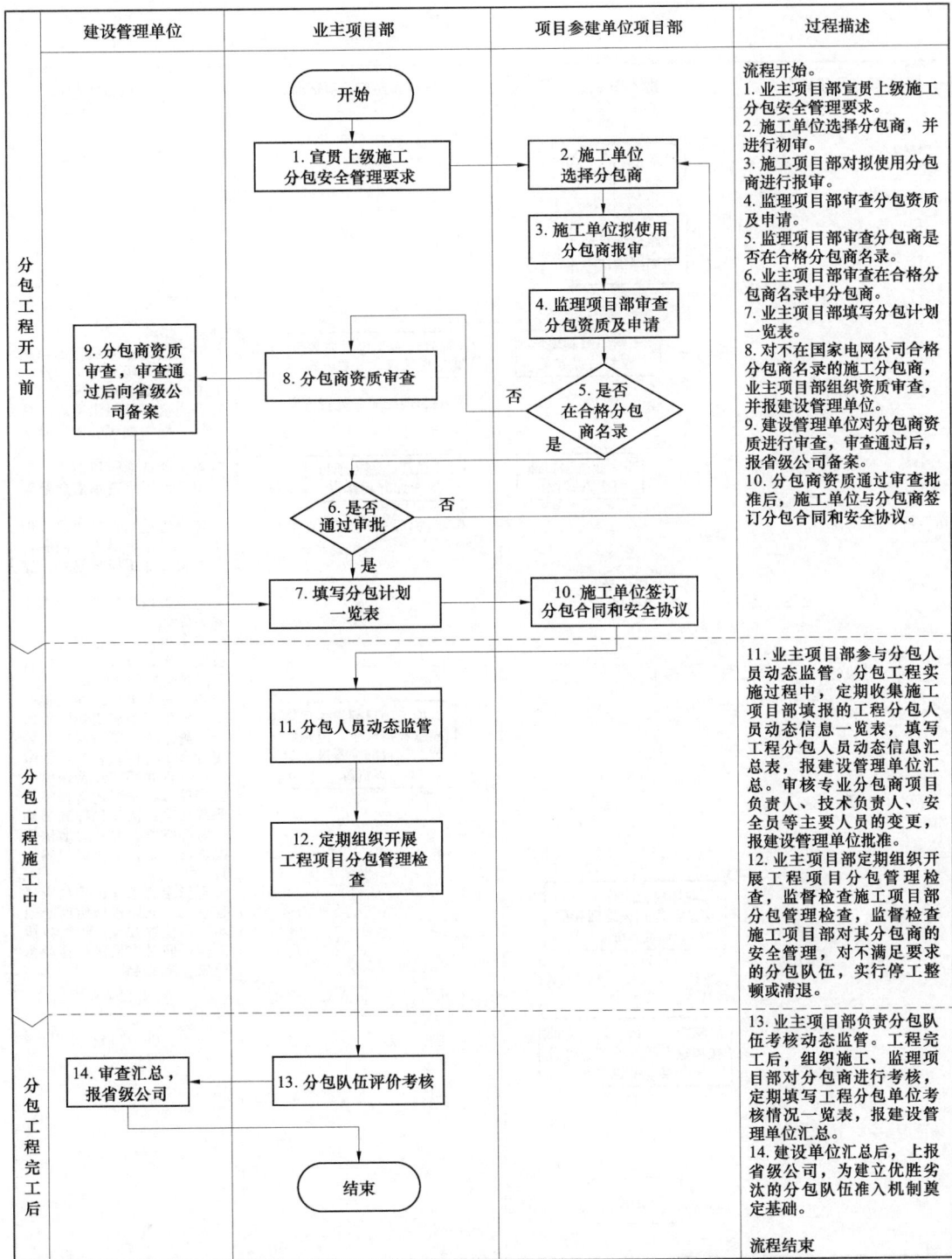

建设管理单位	业主项目部	项目参建单位项目部	过程描述
	开始		流程开始。 1. 业主项目部宣贯上级施工分包安全管理要求。 2. 施工单位选择分包商，并进行初审。 3. 施工单位对拟使用分包商进行报审。 4. 监理项目部审查分包资质及申请。 5. 监理项目部审查分包商是否在合格分包商名录。 6. 业主项目部审查在合格分包商名录中分包商。 7. 业主项目部填写分包计划一览表。 8. 对不在国家电网公司合格分包商名录的施工分包，业主项目部组织资质审查，并报建设管理单位。 9. 建设管理单位对分包商资质进行审查，审查通过后，报省级公司备案。 10. 分包商资质通过审查批准后，施工单位与分包商签订分包合同和安全协议。
	1. 宣贯上级施工分包安全管理要求	2. 施工单位选择分包商	
		3. 施工单位拟使用分包商报审	
		4. 监理项目部审查分包资质及申请	
9. 分包商资质审查，审查通过后向省公司备案	8. 分包商资质审查	5. 是否在合格分包商名录 否	
	6. 是否通过审批 否		
	是		
	7. 填写分包计划一览表	10. 施工单位签订分包合同和安全协议	
	11. 分包人员动态监管		11. 业主项目部参与分包人员动态监管。分包工程实施过程中，定期收集施工项目部填报的工程分包人员动态信息一览表，填写工程分包人员动态信息汇总表，报建设管理单位汇总。审核专业分包商项目负责人、技术负责人、安全员等主要人员的变更，报建设管理单位批准。 12. 业主项目部定期组织开展工程项目分包管理检查，监督检查施工项目部分包管理检查，监督检查施工项目部对其分包商的安全管理，对不满足要求的分包队伍，实行停工整顿或清退。
	12. 定期组织开展工程项目分包管理检查		
14. 审查汇总，报省级公司	13. 分包队伍评价考核		13. 业主项目部负责分包队伍考核动态监管。工程完工后，组织施工、监理项目部对分包商进行考核，定期填写工程分包单位考核情况一览表，报建设管理单位汇总。 14. 建设单位汇总后，上报省级公司，为建立优胜劣汰的分包队伍准入机制奠定基础。 流程结束
	结束		

（分包工程开工前 / 分包工程施工中 / 分包工程完工后）

编制说明

1. 编制目的：本流程适用于建设管理单位及业主项目部，提出了业主项目部分包安全管理的全过程工作要求，明确了建设管理单位、业主项目部、参建单位的工作职责，规范了项目分包安全管理。

2. 编制依据：《国家电网公司输变电工程分包管理办法》等相关文件。

图 2-11 项目分包安全管理流程

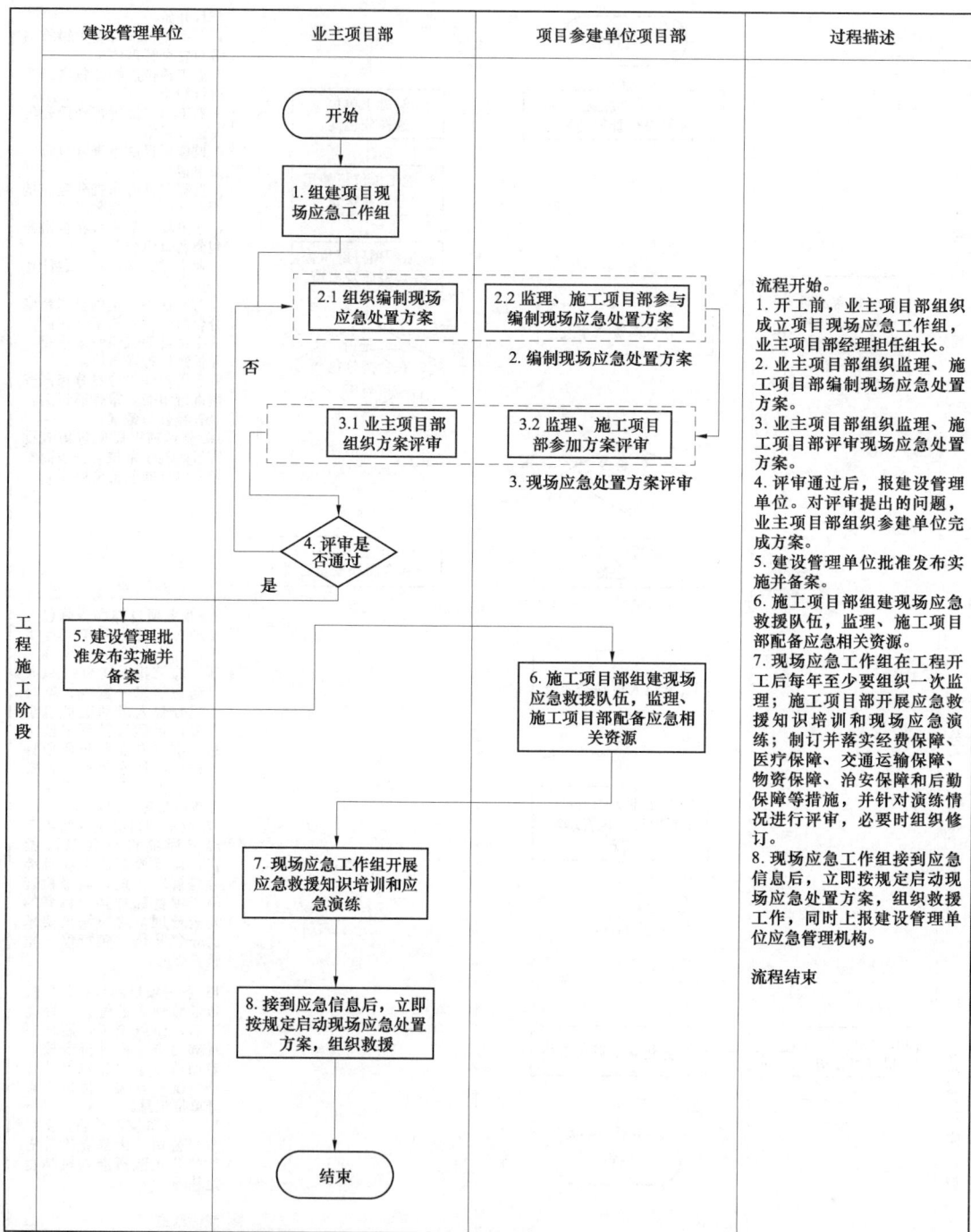

	建设管理单位	业主项目部	项目参建单位项目部	过程描述

工
程
施
工
阶
段

开始

1. 组建项目现场应急工作组

2.1 组织编制现场应急处置方案

2.2 监理、施工项目部参与编制现场应急处置方案

2. 编制现场应急处置方案

否

3.1 业主项目部组织方案评审

3.2 监理、施工项目部参加方案评审

3. 现场应急处置方案评审

4. 评审是否通过

是

5. 建设管理批准发布实施并备案

6. 施工项目部组建现场应急救援队伍，监理、施工项目部配备应急相关资源

7. 现场应急工作组开展应急救援知识培训和应急演练

8. 接到应急信息后，立即按规定启动现场应急处置方案，组织救援

结束

过程描述：

流程开始。

1. 开工前，业主项目部组织成立项目现场应急工作组，业主项目部经理担任组长。
2. 业主项目部组织监理、施工项目部编制现场应急处置方案。
3. 业主项目部组织监理、施工项目部评审现场应急处置方案。
4. 评审通过后，报建设管理单位。对评审提出的问题，业主项目部组织参建单位完成方案。
5. 建设管理单位批准发布实施并备案。
6. 施工项目部组建现场应急救援队伍，监理、施工项目部配备应急相关资源。
7. 现场应急工作组在工程开工后每年至少要组织一次监理；施工项目部开展应急救援知识培训和现场应急演练；制订并落实经费保障、医疗保障、交通运输保障、物资保障、治安保障和后勤保障等措施，并针对演练情况进行评审，必要时组织修订。
8. 现场应急工作组接到应急信息后，立即按规定启动现场应急处置方案，组织救援工作，同时上报建设管理单位应急管理机构。

流程结束

编制说明：
1. 编制目的：本流程适用于建设管理单位及业主项目部应急管理，提出了业主项目部应急管理的全过程工作要求，明确了建设管理单位、业主项目部、参建单位项目部的应急工作职责，规范了项目安全应急管理工作。
2. 编制依据：《国家电网公司应急工作管理规定》等相关文件。

图 2-12　项目安全应急管理流程

业主项目部	项目参建单位项目部	过程描述

开始

1. 业主项目部提前策划检查工作

2.1 组织参建单位开展检查	2.2 监理、施工项目部配合检查

2. 开展安全检查工作

3. 下发安全检查问题整改通知单,重大问题提交建设管理单位或项目安委会研究解决

4.1 业主项目部问题整改	4.2 监理、施工项目部问题整改

4. 组织问题整改

5.1 业主项目部填写安全检查问题整改反馈单	5.2 监理、施工项目部填写安全检查问题整改反馈单

5. 填写问题整改反馈记录

6. 复合问题整改情况

7. 问题是否整改

否 / 是

8. 通报、分析问题情况

9.1 业主项目部总结提高	9.2 监理、施工项目部总结提高

9. 总结提高

结束

工程实施阶段

过程描述:

流程开始。

1. 业主项目部根据工程项目实际情况,提前策划,编制检查提纲或检查表开展理性检查、专项检查、随机检查和安全巡查等活动。

2. 业主项目部组织监理、施工项目部开展安全检查工作。

3. 业主项目部针对各类安全检查中发现的安全隐患和安全文明施工、环境管理问题,下发安全检查问题整改通知单,要求责任单位进行整改;重大问题提交建设管理单位或项目安委会研究解决。

4. 业主、监理、施工项目部按要求组织问题整改;对因故不能立即整改的问题,责任单位应采取临时措施,并制订整改措施计划报业主项目部批准,分阶段实施。

5. 整改责任单位填写安全检查问题整改反馈单,同时业主项目部填写工程安全检查管控记录表。

6. 业主项目部对参建单位问题整改情况进行复核。

7. 业主项目部对没有真正得到整改的问题,督促参建单位继续整改。

8. 业主项目部针对安全检查中发现的问题进行通报和专题分析。督促责任单位制订针对性措施,对存在的安全通病提出根治通病的措施,保证现场安全受控。

9. 业主、监理、施工项目部总结检查工作,总结提高安全管理水平。

流程结束

编制说明:

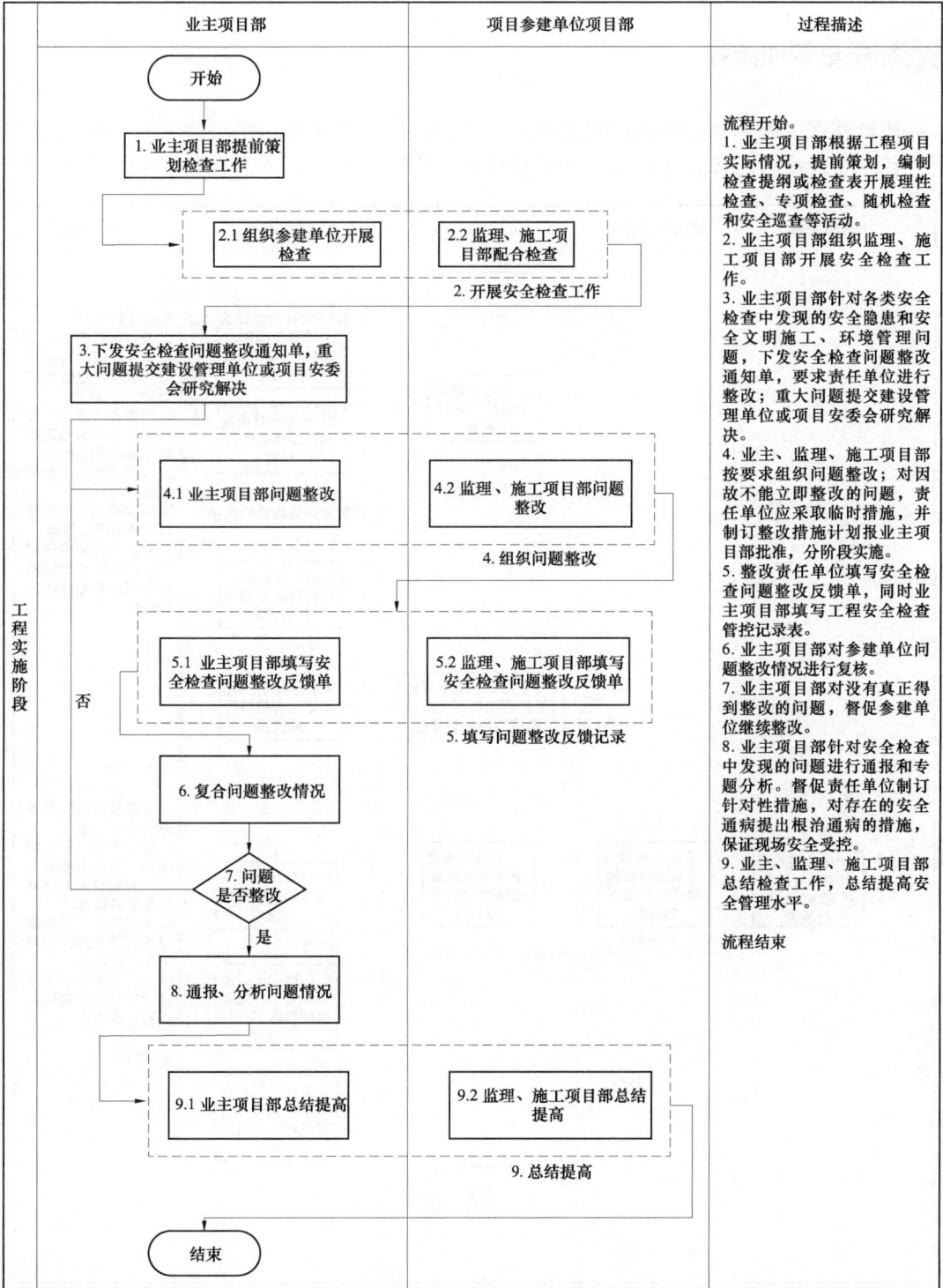

1. 编制说明:本流程适用于业主项目部安全检查管理,提出了业主项目部项目安全检查的全过程工作要求,明确了业主项目部、参建单位项目部的工作职责,规范了项目部安全检查管理工作。

2. 编制依据:《国家电网公司基建安全管理规定》等相关文件。

图 2–13 项目安全检查管理流程

2.4 质量管理流程

质量管理主要单项业务流程包括特高压直流线路工程质量通病防治流程、标准工艺应用流程、质量检查流程、达标投产考核和优质工程评定流程，分别见图2-14～图2-17。

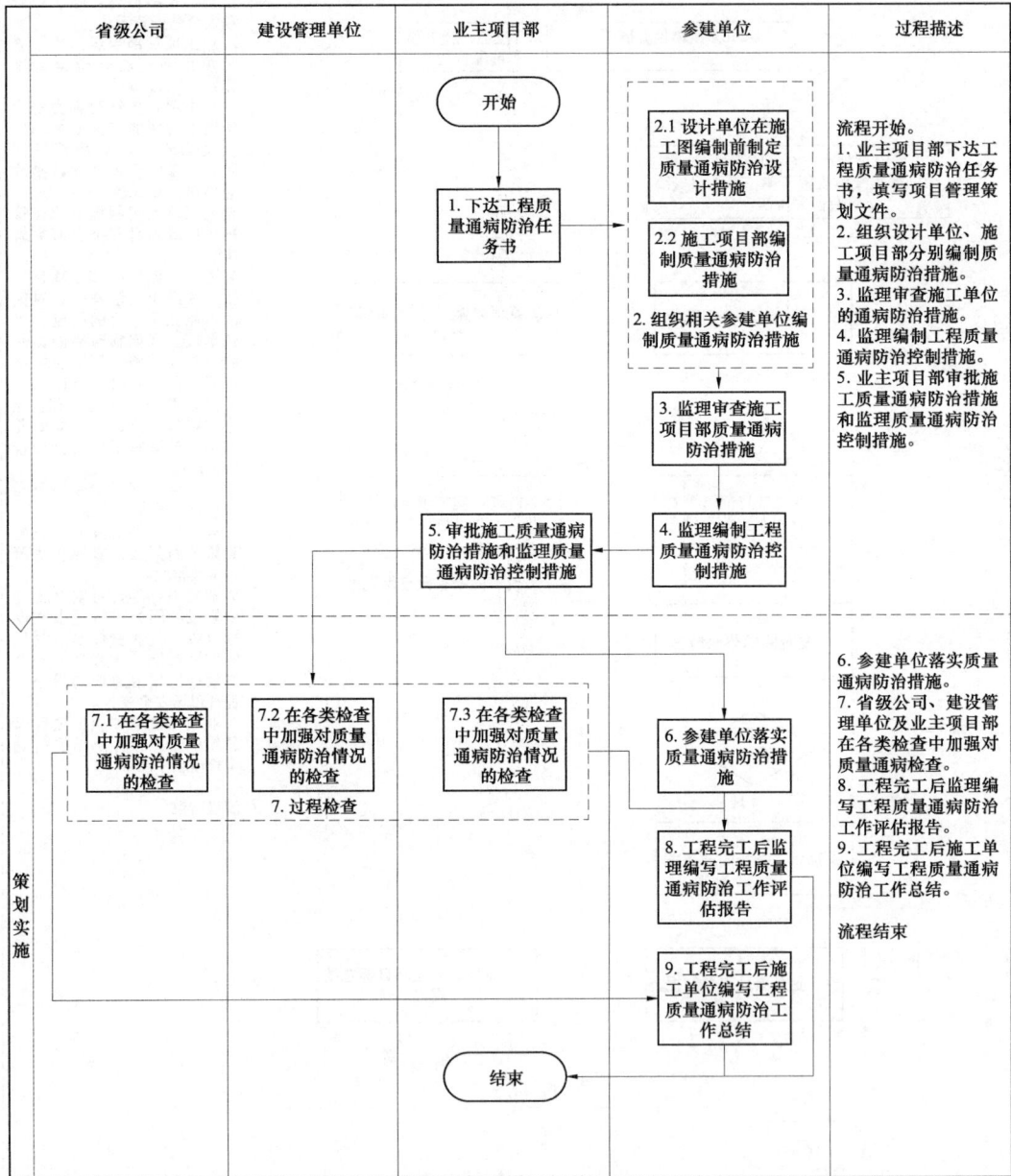

编制说明：
1. 编制目的：本流程适用于业主项目部输变电工程质量通病防治管理，明确了质量通病防治工作要求和各相关单位的工作职责，规范了质量通病防治管理流程。
2. 编制依据：《国家电网公司输变电工程质量通病防治工作要求及技术措施》等。

图2-14 特高压直流线路工程质量通病防治流程

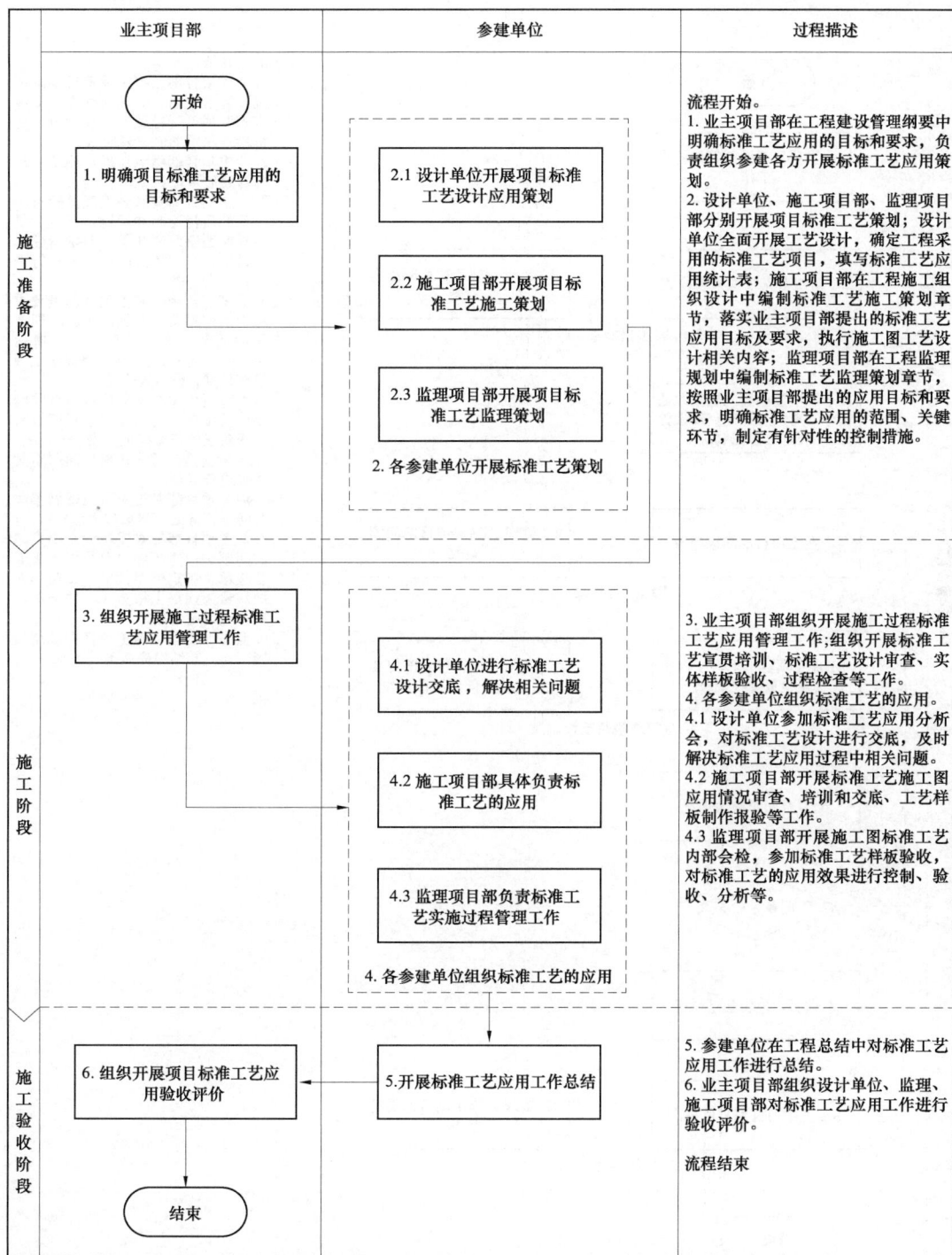

业主项目部	参建单位	过程描述

施工准备阶段

开始

1. 明确项目标准工艺应用的目标和要求

2.1 设计单位开展项目标准工艺设计应用策划

2.2 施工项目部开展项目标准工艺施工策划

2.3 监理项目部开展项目标准工艺监理策划

2. 各参建单位开展标准工艺策划

流程开始。
1. 业主项目部在工程建设管理纲要中明确标准工艺应用的目标和要求，负责组织参建各方开展标准工艺应用策划。
2. 设计单位、施工项目部、监理项目部分别开展项目标准工艺策划；设计单位全面开展工艺设计，确定工程采用的标准工艺项目，填写标准工艺应用统计表；施工项目部在工程施工组织设计中编制标准工艺施工策划章节，落实业主项目部提出的标准工艺应用目标及要求，执行施工图工艺设计相关内容；监理项目部在工程监理规划中编制标准工艺监理策划章节，按照业主项目部提出的应用目标和要求，明确标准工艺应用的范围、关键环节，制定有针对性的控制措施。

施工阶段

3. 组织开展施工过程标准工艺应用管理工作

4.1 设计单位进行标准工艺设计交底，解决相关问题

4.2 施工项目部具体负责标准工艺的应用

4.3 监理项目部负责标准工艺实施过程管理工作

4. 各参建单位组织标准工艺的应用

3. 业主项目部组织开展施工过程标准工艺应用管理工作；组织开展标准工艺宣贯培训、标准工艺设计审查、实体样板验收、过程检查等工作。
4. 各参建单位组织标准工艺的应用。
4.1 设计单位参加标准工艺应用分析会，对标准工艺设计进行交底，及时解决标准工艺应用过程中相关问题。
4.2 施工项目部开展标准工艺施工图应用情况审查、培训和交底、工艺样板制作报验等工作。
4.3 监理项目部开展施工图标准工艺内部会检，参加标准工艺样板验收，对标准工艺的应用效果进行控制、验收、分析等。

施工验收阶段

6. 组织开展项目标准工艺应用验收评价

5. 开展标准工艺应用工作总结

结束

5. 参建单位在工程总结中对标准工艺应用工作进行总结。
6. 业主项目部组织设计单位、监理、施工项目部对标准工艺应用工作进行验收评价。

流程结束

编制说明：
1. 编制目的：本流程使用于特高压输电线路工程标准工艺应用管理，明确了标准工艺在工程建设各阶段相关工作要求和各单位、项目部工作职责，规范了标准工艺管理工作。
2. 编制依据：《国家电网公司输变电工程标准工艺管理办法》等。

图 2-15 特高压直流线路工程标准工艺应用流程

业主项目部	参建单位	过程描述
		流程开始。

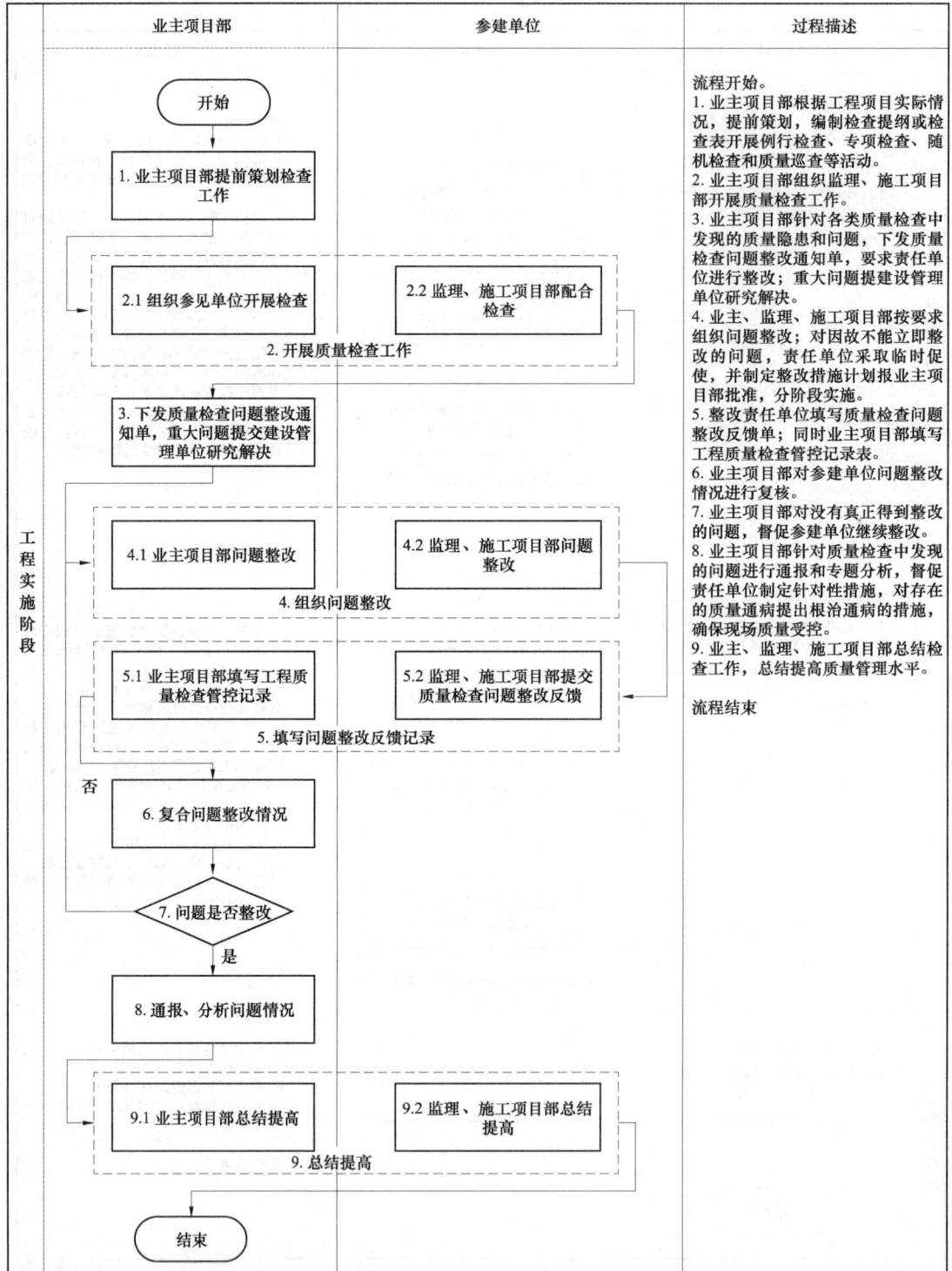

过程描述：

流程开始。

1. 业主项目部根据工程项目实际情况，提前策划，编制检查提纲或检查表开展例行检查、专项检查、随机检查和质量巡查等活动。

2. 业主项目部组织监理、施工项目部开展质量检查工作。

3. 业主项目部针对各类质量检查中发现的质量隐患和问题，下发质量检查问题整改通知单，要求责任单位进行整改；重大问题提建设管理单位研究解决。

4. 业主、监理、施工项目部按要求组织问题整改；对因故不能立即整改的问题，责任单位采取临时促使，并制定整改措施计划报业主项目部批准，分阶段实施。

5. 整改责任单位填写质量检查问题整改反馈单；同时业主项目部填写工程质量检查管控记录表。

6. 业主项目部对参建单位问题整改情况进行复核。

7. 业主项目部对没有真正得到整改的问题，督促参建单位继续整改。

8. 业主项目部针对质量检查中发现的问题进行通报和专题分析，督促责任单位制定针对性措施，对存在的质量通病提出根治通病的措施，确保现场质量受控。

9. 业主、监理、施工项目部总结检查工作，总结提高质量管理水平。

流程结束

流程图内容：

开始
→ 1.业主项目部提前策划检查工作
→ 2.开展质量检查工作
  - 2.1 组织参见单位开展检查
  - 2.2 监理、施工项目部配合检查
→ 3.下发质量检查问题整改通知单，重大问题提交建设管理单位研究解决
→ 4.组织问题整改
  - 4.1 业主项目部问题整改
  - 4.2 监理、施工项目部问题整改
→ 5.填写问题整改反馈记录
  - 5.1 业主项目部填写工程质量检查管控记录
  - 5.2 监理、施工项目部提交质量检查问题整改反馈
→ 6.复合问题整改情况
→ 7.问题是否整改（否/是）
→ 8.通报、分析问题情况
→ 9.总结提高
  - 9.1 业主项目部总结提高
  - 9.2 监理、施工项目部总结提高
→ 结束

（工程实施阶段）

编制说明：

1. 编制目的：本流程适用于特高压输电线路工程质量检查管理，提出了业主项目部质量检查的全过程工作要求，明确了业主项目部、参建单位项目部的工作职责，规范了项目质量检查管理工作。

2. 编制依据：《国家电网公司基建质量管理规定》等。

图 2-16　特高压直流线路工程质量检查流程

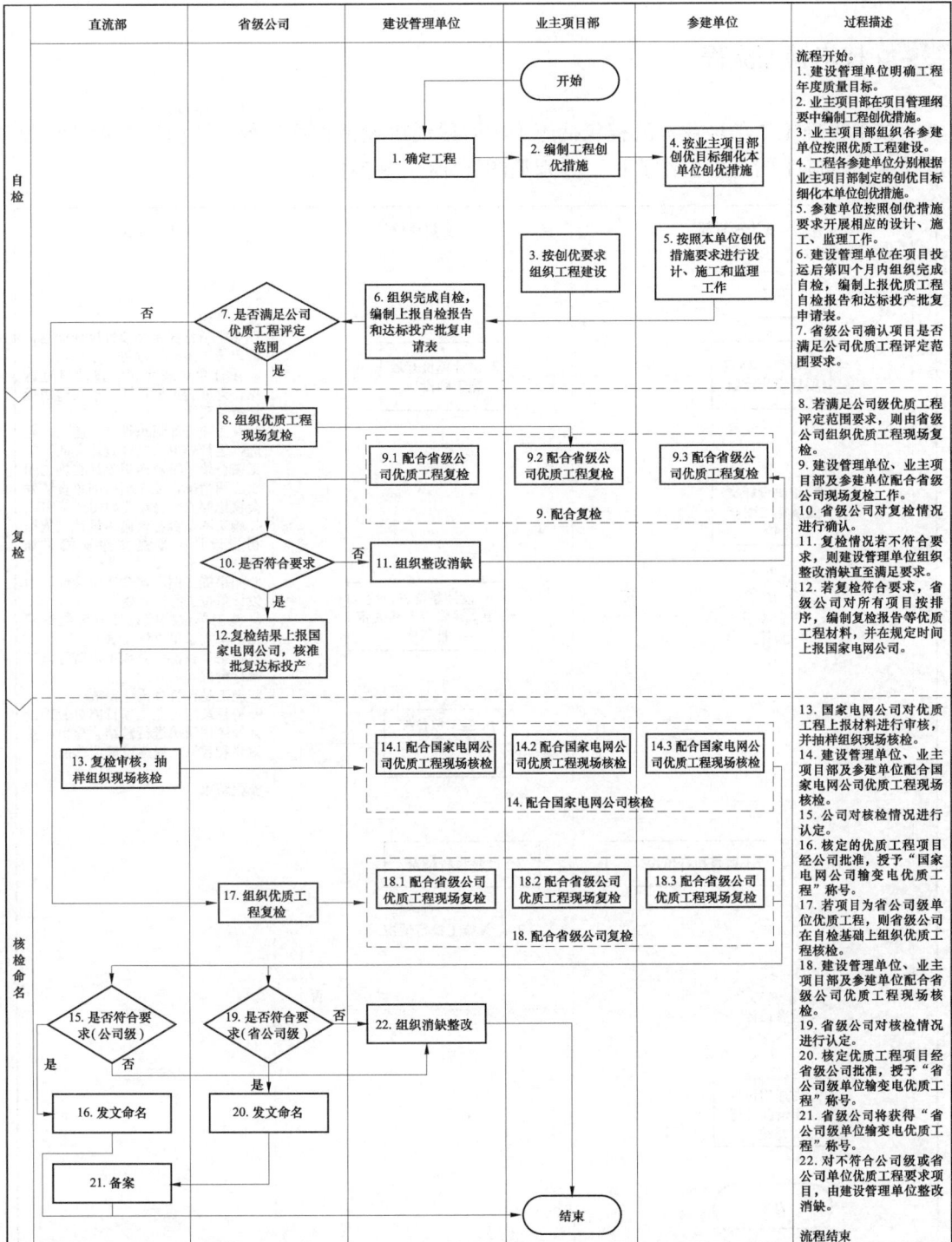

直流部	省级公司	建设管理单位	业主项目部	参建单位	过程描述

流程开始。
1. 建设管理单位明确工程年度质量目标。
2. 业主项目部在项目管理纲要中编制工程创优措施。
3. 业主项目部组织各参建单位按照优质工程建设。
4. 工程各参建单位分别根据业主项目部制定的创优目标细化本单位创优措施。
5. 参建单位按照创优措施要求开展相应的设计、施工、监理工作。
6. 建设管理单位在项目投运后第四个月内组织完成自检，编制上报优质工程自检报告和达标投产批复申请表。
7. 省级公司确认项目是否满足公司优质工程评定范围要求。

8. 若满足公司级优质工程评定范围要求，则由省级公司组织优质工程现场复检。
9. 建设管理单位、业主项目部及参建单位配合省级公司现场复检工作。
10. 省级公司对复检情况进行确认。
11. 复检情况若不符合要求，则建设管理单位组织整改消缺直至满足要求。
12. 若复检符合要求，省级公司对所有项目按排序，编制复检报告等优质工程材料，并在规定时间上报国家电网公司。

13. 国家电网公司对优质工程上报材料进行审核，并抽样组织现场核检。
14. 建设管理单位、业主项目部及参建单位配合国家电网公司优质工程现场核检。
15. 公司对核检情况进行认定。
16. 核定的优质工程项目经公司批准，授予"国家电网公司输变电优质工程"称号。
17. 若项目为省公司级单位优质工程，则省级公司在自检基础上组织优质工程核检。
18. 建设管理单位、业主项目部及参建单位配合省级公司优质工程现场核检。
19. 省级公司对核检情况进行认定。
20. 核定优质工程项目经省级公司批准，授予"省公司级单位输变电优质工程"称号。
21. 省级公司将获得"省公司级单位输变电优质工程"称号。
22. 对不符合公司级或省公司单位优质工程要求项目，由建设管理单位整改消缺。

流程结束

自检阶段流程框：
开始
1. 确定工程
2. 编制工程创优措施
4. 按业主项目部创优目标细化本单位创优措施
3. 按创优要求组织工程建设
5. 按照本单位创优措施要求进行设计、施工和监理工作
6. 组织完成自检，编制上报自检报告和达标投产批复申请表
7. 是否满足公司优质工程评定范围 （否／是）

复检阶段流程框：
8. 组织优质工程现场复检
9.1 配合省级公司优质工程复检
9.2 配合省级公司优质工程复检
9.3 配合省级公司优质工程复检
9. 配合复检
10. 是否符合要求 （否／是）
11. 组织整改消缺
12. 复检结果上报国家电网公司，核准批复达标投产

核检命名阶段流程框：
13. 复检审核，抽样组织现场核检
14.1 配合国家电网公司优质工程现场核检
14.2 配合国家电网公司优质工程现场核检
14.3 配合国家电网公司优质工程现场核检
14. 配合国家电网公司核检
15. 是否符合要求（公司级） （是／否）
16. 发文命名
17. 组织优质工程复检
18.1 配合省级公司优质工程现场复检
18.2 配合省级公司优质工程现场复检
18.3 配合省级公司优质工程现场复检
18. 配合省级公司复检
19. 是否符合要求（省公司级） （是／否）
20. 发文命名
21. 备案
22. 组织消缺整改
结束

编制说明：
1. 编制目的：本流程适用于特高压输电线路工程达标投产核优质工程评定管理，明确了国网直流部、省级公司、建设管理单位及工程参建各方工作职责，规范了输电线路工程达标投产核优质工程评定管理工作。
2. 编制依据：《国家电网公司输变电工程优质工程评定管理办法》等。

图 2-17　特高压直流线路工程达标投产考核和优质工程评定流程

2.5 技术管理流程

技术管理工作单项业务流程包括施工图阶段通用设计管理流程、通用设备管理流程、设计交底及施工图会检工作流程，分别见图2-18～图2-20。

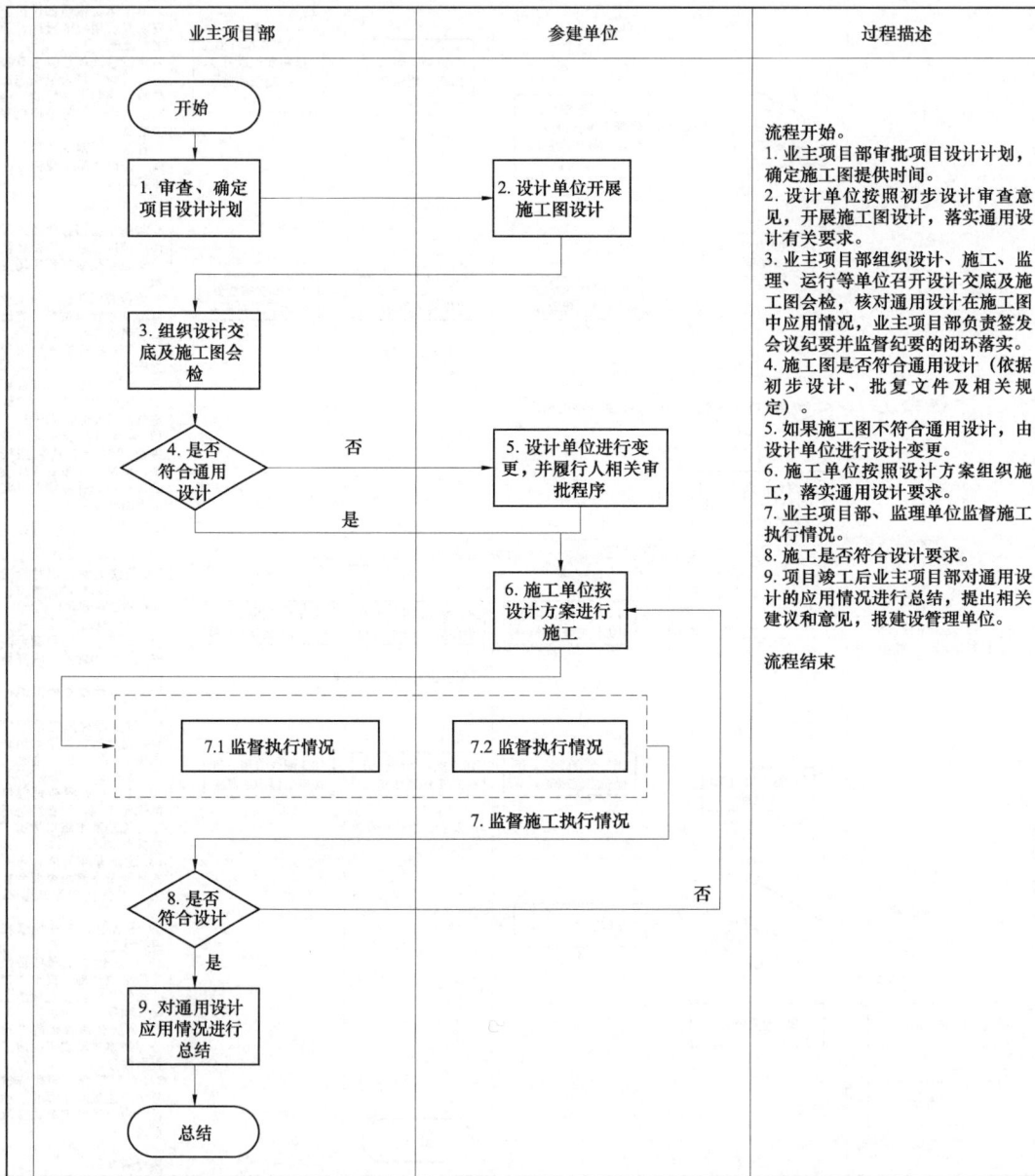

编制说明：
1. 编制目的：本流程适用于公司系统投资的特高压直流输变电工程通用设计管理；本流程明确了输变电工程施工图阶段通用设计管理程序，规定了各参建单位的职责分工。
2. 编制依据：《国家电网公司输变电工程通用设计通用设备管理办法》《国家电网公司输变电工程设计质量管理办法》。

图 2-18　施工图阶段通用设计管理流程

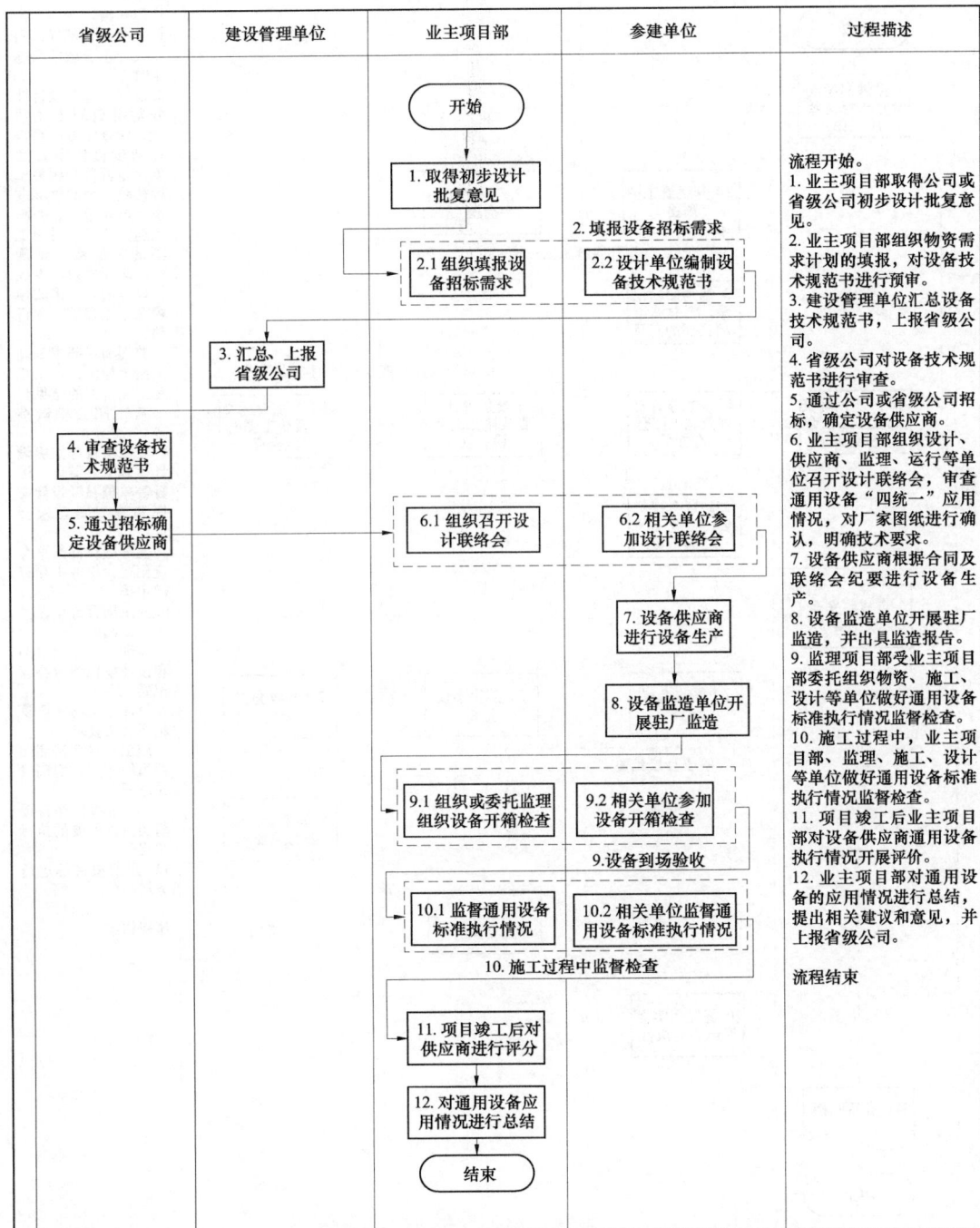

省级公司	建设管理单位	业主项目部	参建单位	过程描述
		开始		流程开始。
		1. 取得初步设计批复意见		1. 业主项目部取得公司或省级公司初步设计批复意见。
		2.1 组织填报设备招标需求	2. 填报设备招标需求 2.2 设计单位编制设备技术规范书	2. 业主项目组织物资需求计划的填报，对设备技术规范书进行预审。
	3. 汇总、上报省级公司			3. 建设管理单位汇总设备技术规范书，上报省级公司。
4. 审查设备技术规范书				4. 省级公司对设备技术规范书进行审查。
5. 通过招标确定设备供应商		6.1 组织召开设计联络会	6.2 相关单位参加设计联络会	5. 通过公司或省级公司招标，确定设备供应商。 6. 业主项目部组织设计、供应商、监理、运行等单位召开设计联络会，审查通用设备"四统一"应用情况，对厂家图纸进行确认，明确技术要求。
			7. 设备供应商进行设备生产	7. 设备供应商根据合同及联络会纪要进行设备生产。
			8. 设备监造单位开展驻厂监造	8. 设备监造单位开展驻厂监造，并出具监造报告。
		9.1 组织或委托监理组织设备开箱检查	9.2 相关单位参加设备开箱检查 9. 设备到场验收	9. 监理项目部受业主项目部委托组织物资、施工、设计等单位做好通用设备标准执行情况监督检查。
		10.1 监督通用设备标准执行情况	10.2 相关单位监督通用设备标准执行情况 10. 施工过程中监督检查	10. 施工过程中，业主项目部、监理、施工、设计等单位做好通用设备标准执行情况监督检查。
		11. 项目竣工后对供应商进行评分		11. 项目竣工后业主项目部对设备供应商通用设备执行情况开展评价。 12. 业主项目部对通用设备的应用情况进行总结，提出相关建议和意见，并上报省级公司。
		12. 对通用设备应用情况进行总结		
		结束		流程结束

编制说明：

1. 编制目的：本流程适用于公司系统投资的特高压直流输变电工程通用设备管理；本流程明确了输变电工程通用设备管理（业主项目部取得初步设计批复意见后的）程序，规范了各参建单位的职责分工。

2. 编制依据：《国家电网公司输变电工程通用设计通用设备管理办法》《加强输变电工程通用设备应用管理会议纪要》（基建设计〔2011〕115号）。

图 2-19　通用设备管理流程

业主项目部	监理项目部	施工项目部	设计单位	过程描述

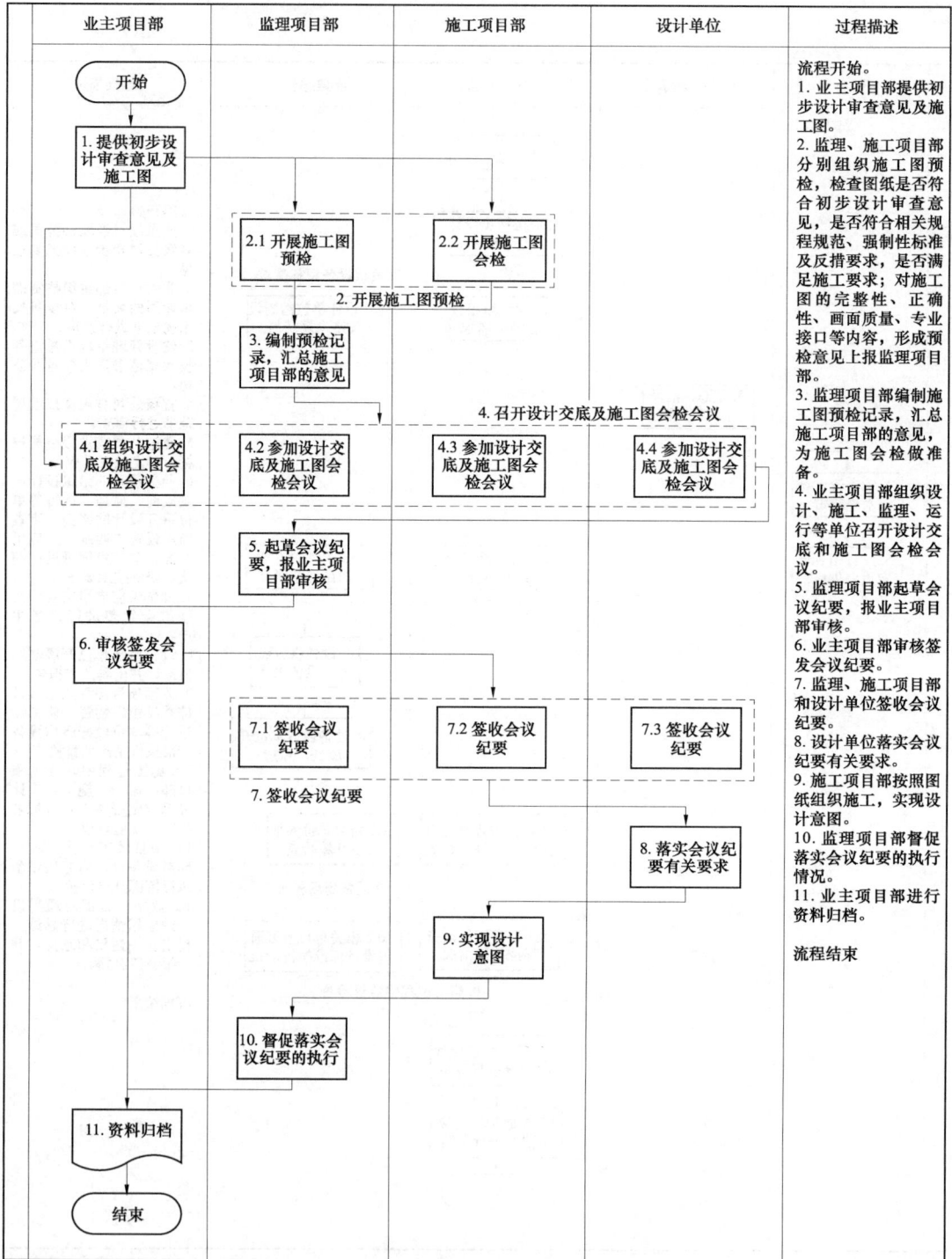

流程开始。
1. 业主项目部提供初步设计审查意见及施工图。
2. 监理、施工项目部分别组织施工图预检，检查图纸是否符合初步设计审查意见，是否符合相关规程规范、强制性标准及反措要求，是否满足施工要求；对施工图的完整性、正确性、画面质量、专业接口等内容，形成预检意见上报监理项目部。
3. 监理项目部编制施工图预检记录，汇总施工项目部的意见，为施工图会检做准备。
4. 业主项目部组织设计、施工、监理、运行等单位召开设计交底和施工图会检会议。
5. 监理项目部起草会议纪要，报业主项目部审核。
6. 业主项目部审核签发会议纪要。
7. 监理、施工项目部和设计单位签收会议纪要。
8. 设计单位落实会议纪要有关要求。
9. 施工项目部按照图纸组织施工，实现设计意图。
10. 监理项目部督促落实会议纪要的执行情况。
11. 业主项目部进行资料归档。

流程结束

编制说明：
1. 编制目的：本流程适用于公司系统投资的特高压直流输变电工程设计交底及施工图会检管理；本流程明确了输变电工程设计交底及施工图会检管理程序，规范了各参建单位的职责分工。
2. 编制依据：《国家电网年公司基建质量管理规定》《国家电网公司输变电设计质量管理办法》。

图 2-20 设计交底及施工图会检工作流程

2.6 造价管理流程

造价管理工作单项业务流程包括工程量管理流程、工程进度款支付管理流程、工程设计变更管理流程、竣工结算管理流程、现场签证管理流程，分别见图 2-21～图 2-25。

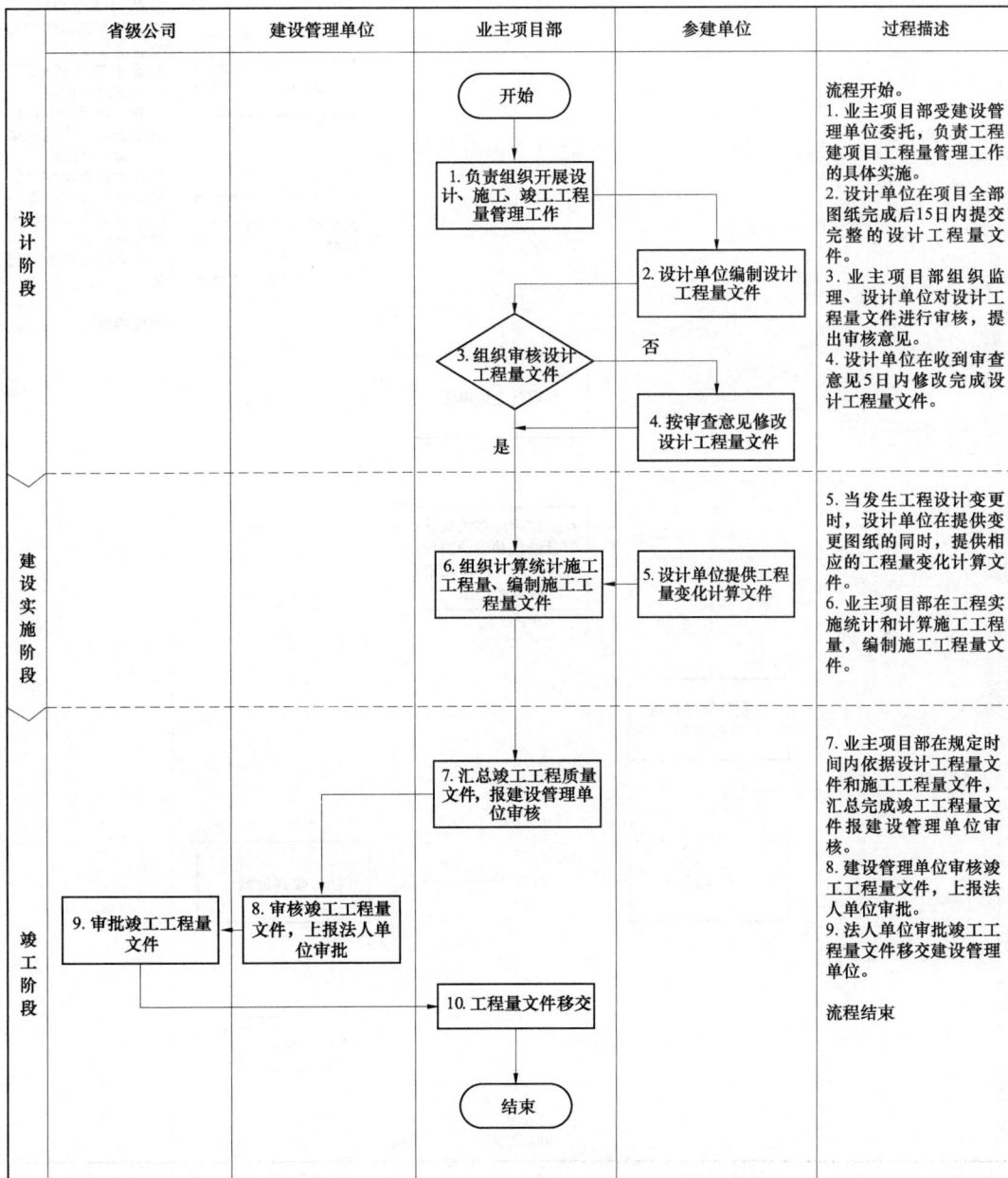

	省级公司	建设管理单位	业主项目部	参建单位	过程描述
设计阶段			开始 1.负责组织开展设计、施工、竣工工程量管理工作 3.组织审核设计工程量文件	2.设计单位编制设计工程量文件 4.按审查意见修改设计工程量文件	流程开始。 1.业主项目部受建设管理单位委托，负责工程建项目工程量管理工作的具体实施。 2.设计单位在项目全部图纸完成后15日内提交完整的设计工程量文件。 3.业主项目部组织监理、设计单位对设计工程量文件进行审核，提出审核意见。 4.设计单位在收到审查意见5日内修改完成设计工程量文件。
建设实施阶段			6.组织计算统计施工工程量、编制施工工程量文件	5.设计单位提供工程量变化计算文件	5.当发生工程设计变更时，设计单位在提供变更图纸的同时，提供相应的工程量变化计算文件。 6.业主项目部在工程实施统计和计算施工工程量，编制施工工程量文件。
竣工阶段	9.审批竣工工程量文件	8.审核竣工工程量文件，上报法人单位审批	7.汇总竣工工程量质量文件，报建设管理单位审核 10.工程量文件移交 结束		7.业主项目部在规定时间内依据设计工程量文件和施工工程量文件，汇总完成竣工工程量文件报建设管理单位审核。 8.建设管理单位审核竣工工程量文件，上报法人单位审批。 9.法人单位审批竣工工程量文件移交建设管理单位。 流程结束

编制说明：
1. 编制目的：本流程适用于特高压输电线路工程设计、施工和竣工工程量的管理。
2. 编制依据：《国家电网公司输变电工程量管理规定》等。

图 2-21 工程量管理流程

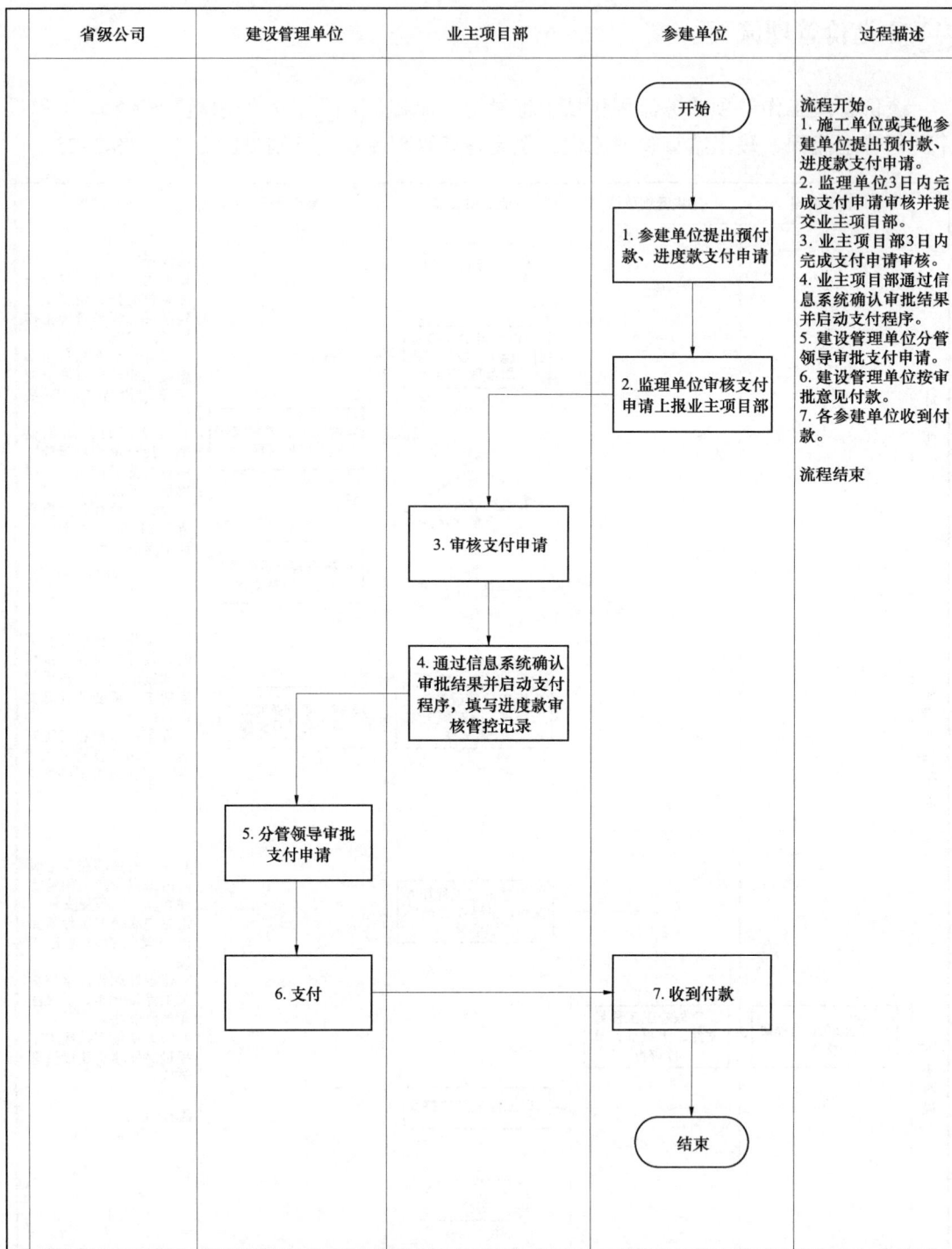

省级公司	建设管理单位	业主项目部	参建单位	过程描述
			开始	流程开始。 1.施工单位或其他参建单位提出预付款、进度款支付申请。 2.监理单位3日内完成支付申请审核并提交业主项目部。 3.业主项目部3日内完成支付申请审核。 4.业主项目部通过信息系统确认审批结果并启动支付程序。 5.建设管理单位分管领导审批支付申请。 6.建设管理单位按审批意见付款。 7.各参建单位收到付款。 流程结束
			1.参建单位提出预付款、进度款支付申请	
			2.监理单位审核支付申请上报业主项目部	
		3.审核支付申请		
		4.通过信息系统确认审批结果并启动支付程序，填写进度款审核管控记录		
	5.分管领导审批支付申请			
	6.支付		7.收到付款	
			结束	

编制说明：
1.编制目的：本流程适用于特高压输电线路工程设计、施工和竣工工程量的管理。
2.编制依据：《国家电网公司输变电工程量管理规定》等。

图 2-22 工程进度款支付管理流程

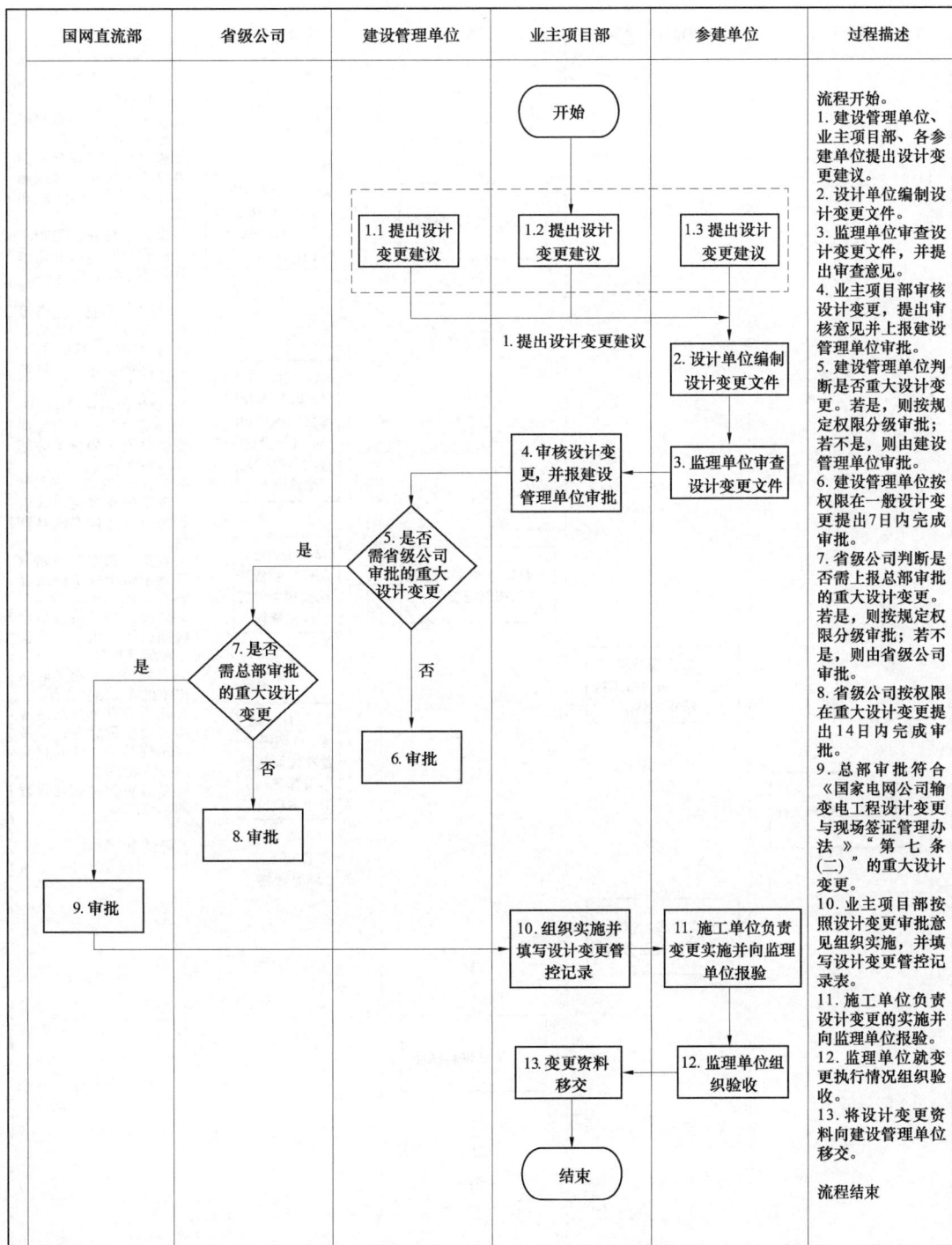

国网直流部	省级公司	建设管理单位	业主项目部	参建单位	过程描述
			开始		流程开始。 1. 建设管理单位、业主项目部、各参建单位提出设计变更建议。 2. 设计单位编制设计变更文件。 3. 监理单位审查设计变更文件，并提出审查意见。 4. 业主项目部审核设计变更，提出审核意见并上报建设管理单位审批。 5. 建设管理单位判断是否重大设计变更。若是，则按规定权限分级审批；若不是，则由建设管理单位审批。 6. 建设管理单位按权限在一般设计变更提出7日内完成审批。 7. 省级公司判断是否需上报总部审批的重大设计变更。若是，则按规定权限分级审批；若不是，则由省级公司审批。 8. 省级公司按权限在重大设计变更提出14日内完成审批。 9. 总部审批符合《国家电网公司输变电工程设计变更与现场签证管理办法》"第七条（二）"的重大设计变更。 10. 业主项目部按照设计变更审批意见组织实施，并填写设计变更管控记录表。 11. 施工单位负责设计变更的实施并向监理单位报验。 12. 监理单位就变更执行情况组织验收。 13. 将设计变更资料向建设管理单位移交。 流程结束

图 2-23　工程设计变更管理流程

编制说明：
1. 编制目的：本流程适用于特高压输电线路工程设计变更管理。
2. 编制依据：《国家电网公司输变电工程设计变更与现场签证管理办法》等。

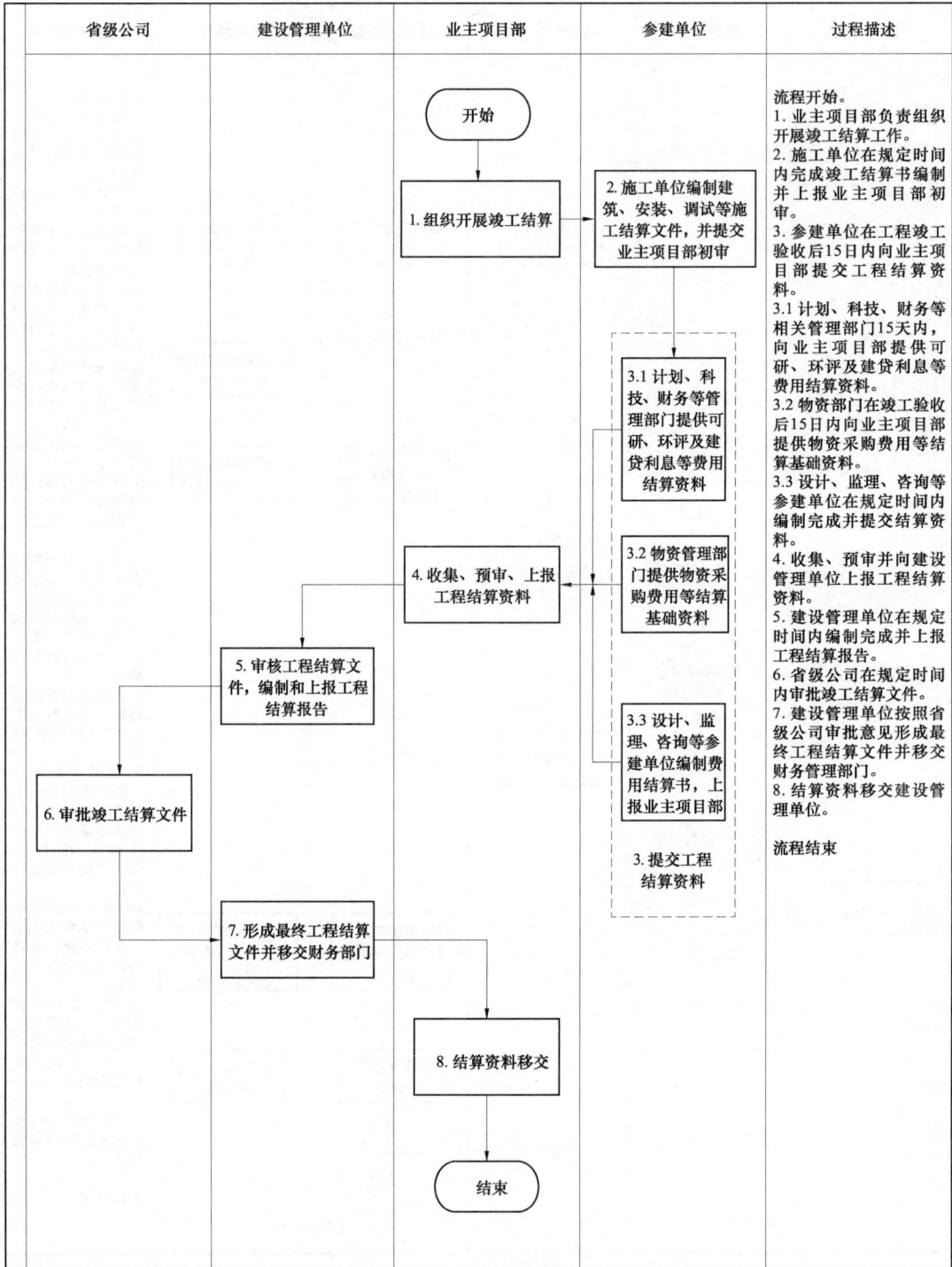

省级公司	建设管理单位	业主项目部	参建单位	过程描述
		开始		流程开始。 1. 业主项目部负责组织开展竣工结算工作。 2. 施工单位在规定时间内完成竣工结算书编制并上报业主项目部初审。 3. 参建单位在工程竣工验收后15日内向业主项目部提交工程结算资料。 3.1 计划、科技、财务等相关管理部门15天内，向业主项目部提供可研、环评及建贷利息等费用结算资料。 3.2 物资部门在竣工验收后15日内向业主项目部提供物资采购费用等结算基础资料。 3.3 设计、监理、咨询等参建单位在规定时间内编制完成并提交结算资料。 4. 收集、预审并向建设管理单位上报工程结算资料。 5. 建设管理单位在规定时间内编制完成并上报工程结算报告。 6. 省级公司在规定时间内审批竣工结算文件。 7. 建设管理单位按照省级公司审批意见形成最终工程结算文件并移交财务管理部门。 8. 结算资料移交建设管理单位。 流程结束
		1.组织开展竣工结算	2.施工单位编制建筑、安装、调试等施工结算文件，并提交业主项目部初审	
			3.1 计划、科技、财务等管理部门提供可研、环评及建贷利息等费用结算资料	
	4.收集、预审、上报工程结算资料	3.2 物资管理部门提供物资采购费用等结算基础资料		
5.审核工程结算文件，编制和上报工程结算报告		3.3 设计、监理、咨询等参建单位编制费用结算书，上报业主项目部		
6.审批竣工结算文件		3.提交工程结算资料		
	7.形成最终工程结算文件并移交财务部门			
		8.结算资料移交		
		结束		

编制说明：
1. 编制目的：本流程适用于特高压输电线路工程结算管理。
2. 编制依据：《国家电网公司输变电工结算管理办法》等。

图 2-24 竣工结算管理流程

直流部	省级公司	建设管理单位	业主项目部	参建单位	过程描述
			开始		流程开始。 1. 施工单位提出并出具现场签证审批单。 2. 现场签证如不涉及设计文件变化，监理、设计单位审核现场签证审批单。 3. 业主项目部审核签证，提出审核意见并上报建设管理单位审批。 4. 建设管理单位判断是否是重大签证。若是，则按规定权限分级审批；若不是，则由建设管理单位审批。 5. 建设管理单位在一般签证提出后7天内完成审批。 6. 省级公司在重大签证提出后14天内完成审批。 7. 业主项目部按照签证审批意见组织实施，并填写设计变更管控记录表。 8. 施工单位负责签证的实施并向监理单位报验。 9. 监理单位就签证执行情况组织验收。 10. 将签证资料向建设管理单位移交。 流程结束
			1. 施工单位提出并出具现场签证审批单		
		3. 审核现场签证审批单，并报建设管理单位审批	2. 现场签证如不涉及设计文件变化，监理、设计单位审核现场签证审批单		
		4. 是否需省级公司审批的重大签证			
	是	否			
	6. 审批	5. 审批			
			7. 组织实施并填写设计变更管控记录表	8. 施工单位负责签证实施并向监理单位报验	
			10. 签证资料移交	9. 监理单位组织验收	
			结束		

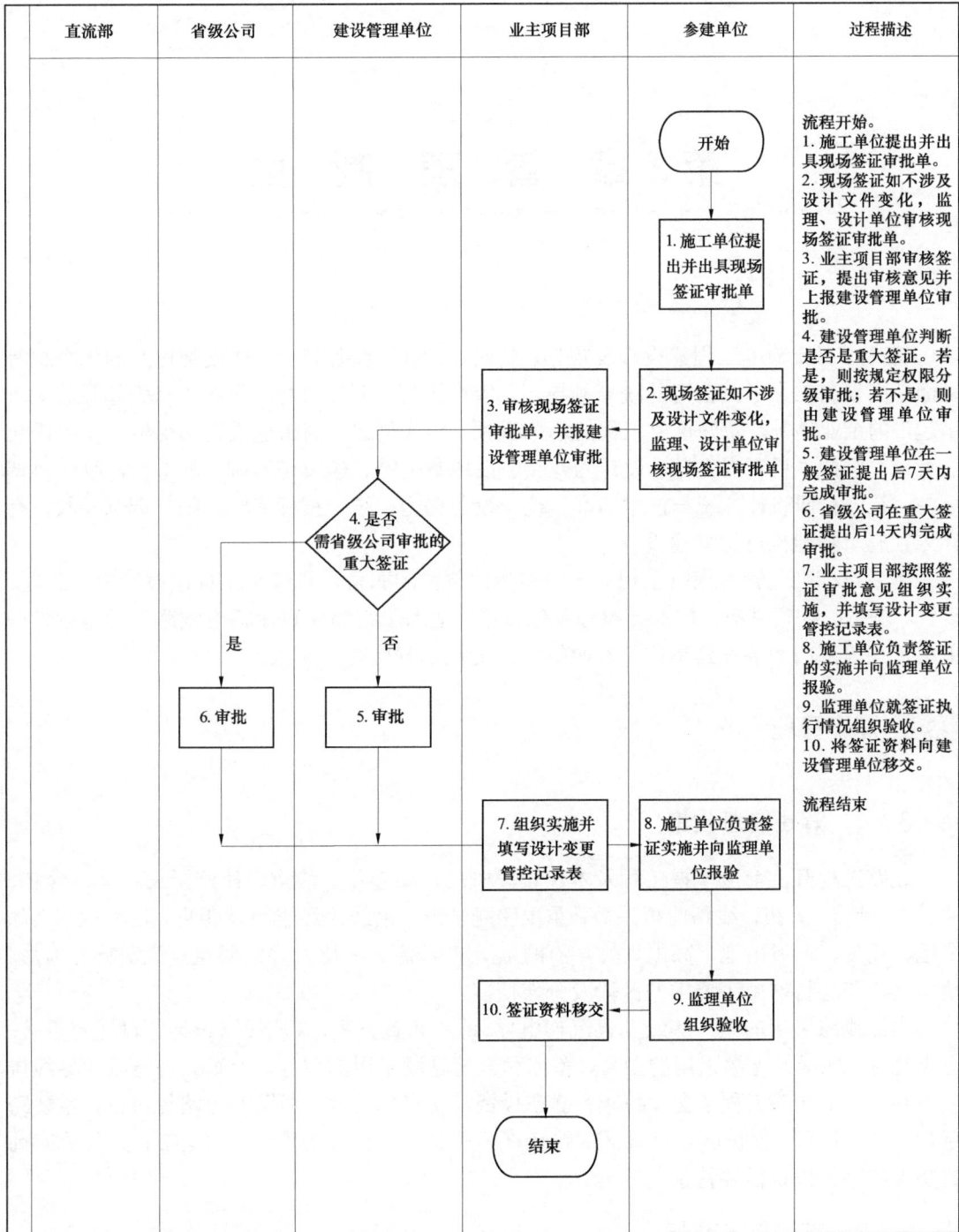

编制说明：
1. 编制目的：本流程适用于特高压输电线路工程签证管理。
2. 编制依据：《国家电网公司输变电工程设计变更与现场签证管理办法》等。

图 2-25　现场签证管理流程

第3章 管理制度

特高压直流输电工程建设涉及规划、科研、设计、设备制造、建设管理及创优组织等方面，必须在国家电网公司的统一领导下，统一思想，明确目标，发扬"努力超越、追求卓越"的企业精神，做好重要工程的示范引领、模式创建、周密建设，利用标准化手段科学管理。坚持"科研为先导、设计为龙头、设备是关键、建设是基础"的方针，统一协调管控、统一科研设计、统一技术标准、统一设备选型、统一招标采购、统一调试验收，有计划、有步骤地推进工程建设。

本建设标准化管理规范了相关部门和参建单位的职责，规范了工程建设管理、监理、设计、施工、物资供应、技术支撑等单位责任；适用于特高压直流输电线路工程建设管理单位，相关部门和各参建单位可参照执行，变化部分应有相应依据。

3.1 筹建管理

3.1.1 筹建信息收集

线路工程开工前应掌握工程及本建设段概况，如起点、终点、线路全长（是否含江、河、大跨越），海拔，线路曲折系数，重要跨越情况，沿线途经省市及距离。沿线地形（如平地、丘陵、一般山地、高山大岭、河网/泥沼、沙漠）占比，并需要重点说明特殊地形、地质区段和有特殊施工要求的区段及分布情况。

直流线路采用的电压等级和直流输电导、地线布置方案，直流线路设计的输送容量等。重点是导、地线及光缆采用的型号，覆冰和大跨越段采用的型号，走廊拥挤地段的导线排列方式。整个线路工程（含大跨越）静态投资，动态总投资。线路通道路径协议，重要跨越初步通行许可，保护区及风景区的路径许可等文件需重点关注（特别是带有条件或有前置要求的路径协议需要特别关注）。

3.1.2 筹建技术准备

（1）工程基本技术档案建立。

特高压直流输电线路电压等级、输送容量、输送距离、工程综合技术水平，工程送受端分别接入电网电压等级，可靠性要求；导线截面积、分裂数及排列方式，基础型式、铁塔高度和重量、架线施工工艺。工程沿线气候、地形地质条件等。尤其关注大风、极寒气候情况；高山大岭、戈壁、沙漠、特殊地形等地形情况，强腐蚀盐渍土、湿陷性黄土、风积沙地质及其他可能影响施工的特殊地质条件和分布，关注基础、组塔、架线施工难点及与小气候互动情况。

（2）建设任务和协调工作准备。

工程的里程碑计划和一级网络计划应重点掌握，线路工程具备带电条件时间是工程建设的关键节点时间。相关参建单位的技术水平特点和需重点了解的建设协调内容。

物资供应数量、规格，物资供应协调工作内容。同期建设的特高压工程的相互影响，供应商集中生产、供货和质量控制管控。

根据土地征地制度和土地流转制度改革，相关各方对土地所有权、使用权的认识更加明确，利益预期进一步提高，需落实工程建设用地的取得和场地清理预期。

工程连接电网故障引起反响，受到社会各界关注。

施工开工/备案手续办理进度及责任单位；相关工程开工的前置政府许可的完成情况及特殊要求。

（3）交叉跨越复杂性收集。

工程通道，是否与其他工程线间距离有冲突，走廊紧张与否，平行邻近长度及邻近间距情况。工程与铁路（高速铁路）、公路（高速公路及在建、规划高速公路）、油气管线、重要的架空（埋地）通信线路及途径区域的电网电力线路等重要交叉跨越情况、重要江河的跨越及地形条件，共跨越各电压等级线路次数、高铁次数、铁路次数、高速公路次数、油气管线次数，重要的江河跨越及跨越段的地形地质条件。

（4）工程涉及敏感点、环保要求收集。

工程沿线环境敏感点主要指经过保护区、遗址、规划区、林区、风景名胜区、军事设施及建设规划区的面积、分布和与线路的路径关系，特别是设计施工环保及其他特殊要求的敏感点。

3.2 前期管理

（1）开工手续办理。

建设管理单位负责办理本建设管理范围内工程开工手续。

业主项目部负责向当地电监会报备工程建设情况。

业主项目审查现场开工准备工作完备后，工程总体开工报告经省公司基建部批准。

（2）工程策划文件编制。

工程开工前，由建设管理单位根据国网直流部下发的"建设管理纲要"组织编写本建设管理段的"一纲八策划"管理文件。其中，建管单位专业部门负责编写《建设管理纲要》，业主项目部负责编写《安全管理总体策划》《输变电工程建设标准强制性条文执行策划》《绿色施工示范工程策划》《风险管控策划》《创优策划》《环境保护与水土保持管理策划》《依法合规现场管理策划》《新技术应用示范工程策划》，相关参建单位据此制定相关的方案和细则。有创新示范内容的工程需编制《创新示范策划》。

工程开工前，业主项目部组织对设计单位编制的《设计创优实施细则》和《设计强制性条文实施细则》《防质量通病实施细则》等进行审查；对监理单位编制的《监理规划》《安全监理工作方案》《创优监理实施细则》《专业监理实施细则》《旁站监理方案》《建设标准强制性条文监督检查计划》《档案资料过程管控实施方案》等管理文件进行审查；对施工单位编制的《项目管理实施规划》《施工强制性条文实施计划》《施工安全管理及风险控制方案》《工程创优施工实施细则》《质量通病防治措施》等管理文件进行审查，文件通过审查后方可实施。

（3）标准化开工。

参建单位进场后，业主项目部按照国网基建部 27 项通用制度及国网直流部相关标准化开工要求，组织落实开工条件，审查条件具备后报公司线路部批准开工并报备国网直流部。工程开工报告批准 1 个月内，线路管理部组织进行标准化开工的现场检查。

3.3 安全管理

3.3.1 安全管理总体要求

以工程"安委会"为依托，强化安全发展意识，坚持安全第一、预防为主、综合治理、标本兼治的原则，突出抓好责任落实、基础管理、制度执行、监督检查、素质建设、关键点控制、应急处置等重点环节，实现安全零事故目标。

建立安全的预防管理和监督管理体系，完善安全管理制度，全面落实安全责任制和国网直流部《安全质量 30 条强制性措施》《同进同出实施细则》《特高压直流线路工程安全监督管理及考核细则》和《特高压直流输电线路工程现场强化安全监督管理专项措施》要求。深入开展安全风险分析和评估，加大安全人员和安全防护装备等投入，加强安全薄弱环节管理，制定预防预控措施并严抓落实。加强施工方案编审管理及重大技术方案审查把关力度，深入开展安全教育、培训和准入管理，强化安全管理督查和考核，定期组织安全大检查，不定期组织抽查和专项检查。高度重视带电跨越、特殊地质基础施工、铁塔组立、大型施工机械及主要施工工器具管理等方面的安全管理工作。重视防范自然灾害，建立应急管理机制和风险管理机制。

3.3.2 安全文明施工管理组织机构及职责

按照国家电网公司"集团化运作、集约化发展、精益化管理、标准化建设"的总体思路，全面贯彻落实国家电网公司基建管理通用制度的各项要求和工作部署，建立"指挥统一、分工明确、责任清晰、运作高效、协作有力"的组织体系，健全"覆盖全面、逻辑严密、相互支撑、专业协同、过程管控、总体协调"的管理体系，坚持"安全第一、预防为主、综合治理"的理念，实施全过程、全方位的工程建设管控。

按照国家电网公司基建通用制度的要求，为加强对工程建设中的安全文明施工管理和监督，工程成立项目安全委员会，在公司安全委员会的领导下开展工作。

3.3.3 安全管理内容

（1）专项施工方案管理措施。

对深基坑、大型起重机械安拆及作业、带电跨越等超过一定规模的危险性较大的分部分项工程（《国家电网公司基建安全管理规定》）的专项施工方案（含安全技术措施），施工企业应按国家有关规定组织专家进行论证、审查，并根据论证报告修改完善专项施工方案（含安全技术措施），经业主项目部按国网直流部要求的重大、重要、高危等专项施工方案（含安全技术措施）另行组织审查后，由施工项目部总工程师交底，专职安全管理人员现场监督实施。

对重要临时设施、重要施工工序、特殊作业、危险作业项目（《国家电网公司基建安全管理规定》），施工项目部总工程师组织编制专项安全技术措施，经施工企业技术、质量、安全部门和机械管理部门（必要时）审核，施工企业技术负责人审批，报监理项目部审查，业主项目部备案，由施工项目部总工程师交底后实施。

针对重大、重要、高危和特殊条件施工方案，施工项目部进行"单基策划，重点管理"。特别是对深基础、组塔、大跨越工程、跨越电力线路、大截面导线架线、跨越高铁、电气化铁路、高速公路、通航河流及特殊临近带电体等重要、重大、高危以及特殊施工内容，施工项目部总工程师组织编制专项施工方案（含安全技术措施），并附安全验算结果，经施工单位技术、质量、安全等职能部门审核，施工单位技术负责人审批，必要时还应参加建设管理单位组织的专家评审，并按评审意见修改完善。

特高压直流线路工程加强安全管理专项管控措施（基础、组塔、架线）见表 3-1～表 3-3。

表 3-1　　　　　特高压直流线路工程加强安全管理专项管控措施（基础）

序号	施工现场专项措施	工作要求	施工负责人	施工自查形式	监理检查记录
1	资源投入	分包队伍及配套设备投入应满足现场施工进度要求	施工项目经理	现场施工组织及劳务外包投入计划和分包人员动态信息一览表，《主要施工机械/工器具/安全防护用品（用具）报审表》	监理站长现场核实，总监理工程师签署意见
2	人员培训	分包人员入场前，分包商应提供入场人员的基本信息、职业资格、健康情况等信息。分包人员报到后，施工承包商应严格执行分包商入场检查流程，对进场人员结合上报信息进行核对。在开展培训、进行身体健康检查、人身意外伤害保险办理情况检查及发放工作服、证卡、个人安全防护用品后，分包人员方可正式入场作业	施工项目经理	现场施工组织及劳务外包投入计划和分包人员动态信息一览表	监理站长现场核实，安全监理工程师签署意见

序号	施工现场专项措施	工作要求	施工负责人	施工自查形式	监理检查记录
3	人员培训	严格施工三级技术交底，所有分包劳务人员必须纳入施工班组交底与培训，交底记录完整，落实各级交底责任	安全员	安全教育培训记录、安全考试登记台账	参加安全教育培训，检查施工单位是否全员参加
4		"同进同出"安全监督人员配备原则，按每班组或每作业面平均15人配备1名安全监督人员的比例进行设置，同时应保证配备的安全监督人员数量能满足本班组所有作业风险点的有效管控。安全监督人员是施工企业正式在编或劳务派遣人员，且应参加施工单位组织开展的安全培训教育	安全监督人员	施工项目部"同进同出"人员花名册	"同进同出"履责检查表
5		劳务分包人员参与以下施工作业，必须在施工承包商的组织指挥下进行：土石方爆破、临近带电体作业、大型模板工程与脚手架工程、大体积混凝土浇筑等危险性大、专业性强的施工作业	施工队长专（兼）职安全员	安全施工作业票	安全施工作业票
6		不得招用未满十八周岁、超过六十周岁人员，体检不合格或有职业禁忌症者不得入场。特种作业人员年龄不得超过50周岁	安全员	分包人员动态信息一览表	现场监理站长核查
7		施工项目部应建立动态的分包人员名册，业主、监理、施工项目部要动态核查进场分包商主要人员人证相符等情况，发现问题及时提出整改要求，并实施闭环管理	安全员	分包人员动态信息一览表	现场监理站长核查
8	线路复测	通道清理时，砍伐通道上的树时，应控制其倾倒方向，砍伐人员应向倾倒的相反方向躲避；多人在同一处对向砍伐或在安全距离不足的相邻处砍伐时，应保持的安全距离，为树高度的1.2倍；在茂密的林中或路边砍伐时应设监护人，树木倾倒前应呼叫警告；上树砍伐树梢或树枝应使用安全带，不要攀扶脆弱、枯死的树枝或已砍过但尚未断的树木，并应注意蜂窝	施工项目总工或技术员、专业监理工程师	路径复测记录表	参与复测并审签线路复测报审表
9		山区及森林作业时，在有毒蛇、野兽、毒蜂的地区施工或外出时，应携带必要的保卫器械、防护用具及药品；在人烟稀少、有野兽活动的大山区施工时，应取得当地群众的配合，并采取防范措施	施工项目总工或技术员、专业监理工程师	路径复测记录表	参与复测并审签线路复测报审表
10		复杂地形作业时，提前对施工道路进行调查、修复，必要时应采取措施；在深山密林中施工应防止误踩深沟、陷阱（落水洞）；施工人员不得单独远离作业场所；作业完毕，施工负责人应清点人数；地形复杂时，施工人员应携带必要的通信工具	施工项目总工或技术员、专业监理工程师	路径复测记录表	参与复测并审签线路复测报审表

续表

序号	施工现场专项措施	工作要求	施工负责人	施工自查形式	监理检查记录
11	施工方案审查	基础施工重大施工方案： 　超过一定规模的危险性较大的分部分项工程（包括但不限于）：① 开挖深度超过 5m（含 5m）的基坑（槽）的土方开挖、支护、降水工程。② 运输重量在 2t 以上、牵引力在 10kN 以上的重型索道运输作业工程。③ 开挖深度超过 15m 的人工挖孔桩基础。④ 采用新技术、新工艺、新材料、新装备及尚无相关技术标准的危险性较大的分部分项工程。 　符合以上条件的基础施工方案均应由施工项目部总工程师组织编写，按规定流程进行内部审批后，报监理项目部审核。各业主项目部在施工、监理审查后，组织专家审查（国网直流公司参加），完善后实施	施工项目总工	公司级审查	审查施工方案，审签专项施工方案报审表
12	基础施工前准备工作	作业前施工单位必须开展现场初勘确定本工程固有风险，并编制《施工安全风险识别、评估、预控措施清册》，对三级及以上作业风险进行复测并填写《施工作业风险现场复测单》报送监理审核	施工项目经理，安全员	《施工安全风险识别、评估、预控措施清册》《施工作业风险现场复测单》	监理站长现场核查，安全监理工程师审签
13		对主要机具进行检查，所有设备及工器具要进行定期维护保养。主要受力工器具应符合技术检验标准，并附有许用荷载标志；使用前必须进行检查，不合格者严禁使用，严禁以小代大，严禁超载使用	专（兼）职安全员	《主要施工机械/工器具/安全防护用品（用具）报审表》	现场监理检查，审签《主要施工机械/工器具/安全防护用品（用具）报审表》
14	施工作业票	作业票由作业负责人填写，安全、技术人员审核，作业票 A 由施工队长签发，作业票 B 由施工项目经理签发。一张作业票中，作业负责人、签发人不得为同一人	施工队长，专（兼）职安全员	安全施工作业票	安全施工作业票
15		作业票采用手工方式填写时，应用黑色或蓝色的钢笔或水笔填写和签发。作业票上的时间、工作地点、主要内容、主要风险等关键字不得涂改	施工队长，专（兼）职安全员	安全施工作业票	安全施工作业票
16		一个作业负责人同一时间只能使用一张作业票。一张作业票可用于不同地点、同一类型、一次进行的施工作业（其中不同地点仅适用于同一放线区段施工，其他作业仍按同一地点填写一张作业票执行）。作业按规定需要同时使用工作票时，工作票应经签发、许可，与作业票同时使用	施工队长，专（兼）职安全员	安全施工作业票	安全施工作业票
17		作业开始前必须召开班前会，坚持认真宣读工作票，检查工作人员状态	施工队长，专（兼）职安全员	召开班前会，安全施工作业票	参加班前会，安全施工作业票

序号	施工现场专项措施	工作要求	施工负责人	施工自查形式	监理检查记录
18	施工安全用电	施工用电设施的安装、维护必须由专业电工负责，不得私拉乱接	施工队长，专（兼）职安全员	安全施工作业票	现场监理检查，安全施工作业票
19		电动设备及工具不能超铭牌使用并做好接地，做到"一机一闸一保护"	施工队长，专（兼）职安全员	安全施工作业票	现场监理检查，安全施工作业票
20		施工用电线路必须采用绝缘铜导线、架设可靠，截面积不得小于 16mm²，架高不低于 2.5m；车辆通行处不得低于 5m；开关负荷处的首端应安装漏电保护装置	施工队长，专（兼）职安全员	安全施工作业票	现场监理检查，安全施工作业票
21	消防安全措施	易燃、易爆液体或气体（油料、氧气瓶、乙炔气瓶等）等危险品应存放在专用仓库，与施工作业区、办公区、生活区、临时休息棚的安全距离必须满足规定要求	施工队长，专（兼）职安全员	安全施工作业票	现场监理检查，安全施工作业票
22		林区、草原作业严禁吸烟及使用明火，并配备必要的消防器材。在林区、牧区施工，应遵守当地的防火规定。现场工作区域有专人负责。重点火区必须设置围栏（墙、网），并有明确标志	施工队长，专（兼）职安全员	安全施工作业票	现场监理检查，安全施工作业票
23		施工单位应针对森林防火的要求，建立输电线路施工区域森林火灾应急预案，明确森林火灾应急组织指挥机构及其职责	专（兼）职安全员	安全施工作业票	现场监理检查，安全施工作业票
24		应当在森林火灾危险地段开设防火隔离带，并组织人员进行巡护；禁止在森林防火区内野外用火；未经有关部门批准，禁止在森林防火区内进行爆破作业；进入森林防火区的各种机动车辆应按照规定安装防火装置，配备灭火器材	专（兼）职安全员	安全施工作业票	现场监理检查，安全施工作业票
25		施工单位应与当地有关部门联系，了解森林防火的相关要求，配合做好森林防火。发生（现）森林火灾时应及时采取森林火灾扑救措施，同时及时报告有关部门	专（兼）职安全员	安全施工作业票	现场监理检查，安全施工作业票签字
26		现场生活、办公、施工临时用电系统应实施有效的安全用电和防火措施，配备足量的灭火器，灭火器配置数量应按国家标准《建筑灭火器配置设计规范》（GB 50140）的有关规定经计算确定，且每个场所的灭火器数量不应少于 2 具	专（兼）职安全员	安全施工作业票	现场监理检查，安全施工作业票
27		易燃易爆物品、仓库、宿舍、加工区、配电箱及重要机械设备附近，应按规定配备灭火器、砂箱、水桶、斧、锹等消防器材，并放在明显、易取处，不得任意移动或遮盖，禁止挪作他用	专（兼）职安全员	安全施工作业票	现场监理检查，安全施工作业票

续表

序号	施工现场专项措施	工作要求	施工负责人	施工自查形式	监理检查记录
28	机料机具运输	运输前必须熟悉运输道路,掌握所通过的桥梁、涵洞及穿越物的稳定性和高度,必要时进行加固、修复	专(兼)职安全员	现场检查	现场监理检查
29		运输中车厢内严禁乘人,必须设置明显的安全标志。严格执行交安全法,严禁人货混装。严禁自卸车、挂车或拖拉机等工程车、农用车载人	专(兼)职安全员	现场检查	现场监理检查
30		驾驶员出车前要对车辆外观进行检查:车厢板连接挂钩是否有裂纹、栏杆是否有开焊现象、车厢与车体连接的销子是否丢失、轮胎气压等,对查出的隐患及时消除	专(兼)职安全员	现场检查	现场监理检查
31		畜力运输时,山地运输的骡马等畜力应经专门驯养,驯养人员应经该工程的安全培训,执行山地运输规定;当运输工程量较大或高山区有难度的畜力运输应编写安全措施,并由专业人员组织实施;单体畜力载货质量一般不超过200kg,运输过程中禁止骑行	专(兼)职安全员	现场检查	现场监理检查
32		索道运输时,编写专项施工方案;填写《安全施工作业票B》,作业前通知监理旁站;索道装置应经过验收合格后方可投入运输作业;严禁超载、装卸笨重物件,严禁运送人员,索道下方严禁站人,派专人监护,对索道下方及绑扎点进行检查	施工项目经理	安全施工作业票,索道运输专项施工方案	现场监理人员检查,安全施工作业票签字;总监理工程师审签
33	一般土石方工程	基坑顶部按规范要求设置截水沟。一般土质条件下弃土堆底至基坑顶边距离不小于1.2m,弃土堆高不大于1.5m,垂直坑壁边坡条件下弃土堆底至基坑顶边距离不小于3m,软土场地的基坑边则不应在基坑边堆土	专(兼)职安全员	安全施工作业票	现场监理检查,安全施工作业票
34		土方开挖过程中必须观测基坑周边土质是否存在裂缝及渗水等异常情况,实时进行监测	专(兼)职安全员	安全施工作业票	现场监理检查,安全施工作业票
35		挖土区域设警戒线,各种机械、车辆严禁在开挖的基础边缘2m内行驶、停放	专(兼)职安全员	安全施工作业票	现场监理检查,安全施工作业票
36		机械开挖要选好机械位置可靠支垫,有防止向坑内倾倒的措施;严禁在伸臂及挖斗作业半径内通过或逗留;严禁人员进入斗内;不得利用挖斗递送物件;暂停作业时,应将挖斗放到地面	专(兼)职安全员	安全施工作业票	现场监理检查,安全施工作业票
37		爆破作业前需编制专项施工方案,施工单位还需组织专家进行论证、审查。从事爆破的人员必须取得公安部门颁发的安全作业证	施工项目经理	专项施工方案	审签专项施工方案报审表

序号	施工现场专项措施	工作要求	施工负责人	施工自查形式	监理检查记录
38	特殊基坑开挖作业	泥沙、流沙坑开挖：编写专项施工方案；作业前通知监理旁站；泥沙坑、流沙坑施工中容易塌方，严格按照方案采取档泥沙板措施；必须派专人安全监护，随时检查坑边是否有裂纹出现，做好安全监护	施工项目经理	专项施工方案	现场监理人员检查，审签专项施工方案报审表
39		水坑、沼泽地、冻土基坑开挖：作业前通知监理旁站；流沙坑、化冻土坑容易塌方，施工时应派人监护	施工项目经理	专项施工方案	现场监理人员检查，审签专项施工方案报审表
40		大坎、高边坡基础开挖：编写专项施工方案；填写《安全施工作业票B》，作业前通知监理旁站；必须先清除上山坡浮动土石；严禁上、下坡同时撬挖；土石滚落下方不得有人，并设专人警戒；作业人员之间应保持适当距离；在悬岩陡坡上作业时应系安全带	施工项目经理	专项施工方案	审签专项施工方案报审表
41	深基坑施工	深基坑工程：开挖深度超过5m(含5m)的基坑（槽）的土方开挖、支护、降水工程	施工项目经理	基础施工方案	监理站长现场核实，总监理工程师签署意见
42		人工挖孔基础作业前，施工单位需编制专项施工方案，当开挖深度超出（含）15m时，还需组织专家进行论证、审查。当开挖深度超出（含）5m时，作业前通知监理旁站	施工项目经理	专项施工方案	监理站长现场核实，总监理工程师签署意见
43		人工挖孔基础作业时，桩间净距小于2.5m时，须采用间隔开挖施工顺序。开挖桩孔应从上到下逐层进行，每节筒深不得超过1m，先挖中间部分的土方，然后向周边扩挖。坑底面积超过2m²时，可由二人同时挖掘，但不得面对面作业。挖出的土方，应随出随运，暂时不能运走的，应堆放在孔口边1m以外，且堆高度不得超过1m。人工挖扩桩孔的施工现场应用围挡与外界隔离，非工作人员不得入内。距离孔口3m内不得有机动车辆行驶或停放	施工队长，专（兼）职安全员	安全施工作业票	现场监理员现场检查，安全施工作业票
44		人工挖孔基础底盘扩底基坑清理时，编写专项施工方案，挖扩底桩应先将扩底部位桩身的圆柱体挖好，再按设计扩底部位的尺寸、形状自上而下削土。在扩孔范围内的地面上不得堆积土方。坑模成型后，应及时浇灌混凝土，否则应采取防止土体塌落的措施	施工队长，专（兼）职安全员	安全施工作业票	安全旁站监理现场检查

序号	施工现场专项措施	工作要求	施工负责人	施工自查形式	监理检查记录
45	深基坑施工	人工挖孔基础孔深大于 5m 时,宜用风机或风扇向孔内送风不少于 5min,排除孔内浑浊空气;孔深大于 10m 时,应设专门向井下送风的设备,风量不得少于 25L／s;当孔深大于 15m 时,应还应向孔内输送氧气,并用有害气体检测装置等,检测确认无有毒气体后方可下井	施工队长,专（兼）职安全员	安全施工作业票	安全旁站监理记录表
46		人工挖孔基础应按设计要求设置护壁,采用混凝土护壁时,第一圈护壁要做成沿口圈,沿口宽度大于护壁外径 300mm,口沿处高出地面 100mm 以上,孔内扩壁应满足强度要求,孔底末端护壁应有可靠防滑壁措施;混凝土护壁强度标号不低于 C15,护壁拆模强度不低于 3MPa,一般条件下 24h 后方可拆模,继续下挖桩土	施工队长,专（兼）职安全员	安全施工作业票	安全施工作业票
47	钢筋作业	人工挖孔基础钢筋笼吊放时,起吊安放钢筋笼时,由专人指挥。先将钢筋笼运送到吊臂下方,吊车司机平稳起吊,设人拉好方向控制绳,严禁斜吊。吊运过程中吊车臂下严禁站人和通行,并设置作业警戒区域及警示标志。向孔内下钢筋笼时,两人在笼侧面协助找正对准孔口,慢速下笼,到位固定,严禁人下孔摘吊绳	施工队长,专（兼）职安全员	安全施工作业票	安全施工作业票
48	现场浇筑混凝土作业	现场混凝土浇筑采用现场搅拌混凝土时,桩孔料筒口前设限位横木,手推车不得用力过猛和撒把	施工队长,专（兼）职安全员	安全施工作业票	安全施工作业票
49		现场混凝土浇筑采用泵送混凝土时,泵车现场和混凝土施工仓必须有完善的通信手段,导管两侧 1m 内不得站人;导管出料口正前方 30m 内禁止站人	施工队长,专（兼）职安全员	安全施工作业票	安全施工作业票
50		基坑口搭设卸料平台,平台平整牢固,应外低里高（5°左右的坡度）,并在沿口处设置高度不低于 150mm 的横木	施工队长,专（兼）职安全员	安全施工作业票	安全施工作业票
51		投料高度超过 2m 时,应使用溜槽或串筒。串筒宜垂直放置,串筒之间连接牢固,串筒连接较长时,挂钩应予以加固。不得攀登串筒进行清理	施工队长,专（兼）职安全员	安全施工作业票	安全施工作业票
52		电动振捣器的电源线应采用耐气候型橡皮护套铜芯软电缆,并不得有任何破损和接头,电源线插头应插在装设有防溅式剩余电流动作保护装置电源箱内的插座上。应严禁将电源线直接挂接在隔离开关上	施工队长,专（兼）职安全员	安全施工作业票	安全施工作业票

序号	施工现场专项措施	工作要求	施工负责人	施工自查形式	监理检查记录
53	斜柱基础施工要求	斜柱基础施工支模应重点采取防止内倾措施（尤其是长立柱基础），拆模养护回填前仍应采取防内倾措施	施工队长，专（兼）职安全员	安全施工作业票	安全旁站监理人员现场检查，监理检查记录表
54	大开挖基础放坡要求	开挖边坡值应满足设计要求。无设计要求时，应符合《国家电网公司电力安全工作规程》6.1.1.9 表 10 的规定	施工队长，专（兼）职安全员	安全施工作业票	安全旁站监理人员现场检查，安全旁站监理记录表
55		丘陵、山地段岩石类地质条件：地形坡度小于 10° 时，现场测算弃土工程量（出图阶段再计算实际弃土工程量），计算出基础的外露高度，在确保基础顶面出露至少 0.2m 且场地不积水的情况下，将弃土在塔基范围内堆放成龟背型（堆放土石边缘按 1:1.5 放坡）	施工队长，专（兼）职安全员	安全施工作业票	安全旁站监理人员现场检查，安全旁站监理记录表
56		雨季前应做好防风、防雨、防洪等应急处置方案。现场排水系统应整修通畅，必要时应筑防汛提	施工项目经理，专（兼）职安全员	组织应急演练，编制应急处置方案	参加应急演练，审签应急处置方案
57	季节性施工	冬期施工采用暖棚法养护时，工棚内养护人员不能少于两人，用火炉取暖应采取防止一氧化碳中毒的设施。加强用火管理，及时清除火源周围的易燃物；根据需要配备防风取暖帐篷、取暖器等防寒设施	施工队长，专（兼）职安全员	现场检查，项目部抽查	监理检查记录表
58		当环境温度低于 −25℃ 时不宜进行室外施工作业，确需施工时，主要受力机具应将安全系数提高 10%～20%	施工队长，专（兼）职安全员	现场检查，项目部抽查	监理检查记录表

表 3−2　　　　特高压直流线路工程加强安全管理专项管控措施（组塔）

序号	施工现场专项措施	工作要求	施工负责人	施工自查形式	监理检查记录	重要问题汇报
1	资源投入	分包队伍及设备投入是否满足现场施工进度要求	施工项目经理	现场施工组织及施工劳务外包投入计划和分包人员动态信息一览表，《主要施工机械/工器具/安全防护用品（用具）报审表》	监理站长现场核实，总监理工程师签署意见	/
2	人员培训	分包人员入场前，分包商应提供入场人员的基本信息、职业资格、健康情况等信息。分包人员报到后，施工承包商应严格执行分包商入场检查流程，对进场人员结合上报信息进行核对。在开展培训、进行身体健康检查、人身意外伤害保险办理情况检查及发放工作服、证卡、个人安全防护用品后，分包人员方可正式入场作业	施工项目经理	现场施工组织及施工劳务外包投入计划和分包人员动态信息一览表	监理站长现场核实，安全监理工程师签署意见	/

序号	施工现场专项措施	工作要求	施工负责人	施工自查形式	监理检查记录	重要问题汇报
3		严格施工三级技术交底，所有分包劳务人员必须纳入施工班组交底与培训，交底记录完整，落实各级交底责任	安全员	安全教育培训记录、安全考试登记台账	参加安全教育培训记录，检查施工单位是否全员参加	/
4	人员培训	"同进同出"安全监督人员配备原则，按每班组或每作业面平均15人配备1名安全监督人员的比例进行设置，同时应保证配备的安全监督人员数量能满足本班组所有作业风险点的有效管控。安全监督人员是施工企业正式在编和劳务派遣人员，应参加施工单位组织开展的安全培训教育	安全监督人员	施工项目部"同进同出"人员花名册	"同进同出"履责检查表	/
5		劳务分包人员参与以下施工作业，必须在施工承包商的组织指挥下进行：拆除工程、起重吊装作业、高处作业、临近带电体作业、铁塔组立、起重机具安装拆卸等危险性大、专业性强的施工作业	施工队长，专（兼）职安全员	安全施工作业票	安全施工作业票	/
6		不得招用未满十八周岁、超过六十周岁人员，体检不合格或有职业禁忌症者不得入场。特种作业人员年龄不得超过50周岁	安全员	分包人员动态信息一览表	现场监理站长核查	/
7	人员培训	施工项目部应建立动态的分包人员名册，业主、监理、施工项目部要动态核查进场分包商主要人员人证相符等情况，发现问题及时提出整改要求，并实施闭环管理	安全员	分包人员动态信息一览表	现场监理站长核查	/
8		施工人员必须正确配备安全防护用品和劳动防护用品。高处作业人员要使用防冲击安全带，作业时必须采用双保险，人员上下塔必须采用速差自控器，立塔过程中塔上、塔下人员通信联络畅通	施工队长，安全员	安全施工作业票	安全旁站监理记录表	/
9		组塔阶段应开展8类机具的检查，包括机动绞磨、起重钢丝绳（含绳套）、手扳葫芦（手拉葫芦）、临时索道（含索道牵引机）、抱杆、起重滑车（含转向滑车）、卸扣。监督检查的机具包括施工单位租赁、购置的施工机具及专业分包单位提供的施工机具	施工项目经理	《大中型施工机械进场/出场申报表》《主要施工机械/工器具/安全防护用品（用具）报审表》	安全监理工程师检查，签署意见	
10	工器具安全性评估	施工机具进场比例达到70%以上后，结合工程转序工作，施工单位项目部将进场施工机具的相关资料整理后报送监理单位，监理单位进行审核。通过监理审核后，施工单位项目部告知建设管理单位并约请检查组开展监督检查工作。现场检查施工机具进场比例低于50%，将对相关单位进行通报。提前准备好监督检查，资料包括各类机具的定型试验报告、出厂试验报告、定期检验报告、第三方检测报告	业主项目经理，施工项目经理，总监理工程师	现场检查，填写《××工程主要进场施工机具监督检查资料清单》	审查《××工程主要进场施工机具监督检查资料清单》，提出审查意见	符合相关条件后及时联系检查组

序号	施工现场专项措施	工作要求	施工负责人	施工自查形式	监理检查记录	重要问题汇报
11	工器具安全性评估	对于监督检查中的不符合项目，由建设管理单位组织监理单位、施工单位整改闭环。施工单位项目部完成整改后，填写整改报告书，附对应整改措施及验证资料，资料应包括监理单位旁站监督照片	业主项目经理，施工项目经理，总监理工程师	现场检查，填写《××工程主要进场施工机具监督检查整改报告书》	审查整改报告书，留存监理单位旁站监督照片	在组塔阶段开始前，建设管理单位将整改结果发送中国电学院检查组并抄送国网直流部和国网直流公司
12		现场抽检（外观检查和抽样试验）不合格的机具，监督检查未通过的施工机具，不得进场使用。建设管理单位组织整改闭环，向施工单位提出整改闭环期限，未整改完成的施工机具不得进场使用	业主项目经理，施工项目经理，总监理工程师	按照检查组提出意见，及时整改闭环	督促做好整改闭环	对于检查组提出问题有疑问，可由建管单位联系检查组
13	铁塔组立重点、控制要点	按抱杆的吊载计算书要求，仔细核对图纸手册的吊段重量参数，严禁超重吊装。在地形条件允许的情况下，推荐使用大吨位吊车组塔	施工队长，安全员	安全施工作业票	安全旁站监理记录表	/
14		施工作业指导书一定要和施工现场相适应，具有实用性、安全性；在施工前必须对安全技术措施进行交底，严禁擅自更改作业方案，若更改须经原编审人员同意	施工队长，安全员	安全施工作业票	安全旁站监理记录表	/
15		在成堆的角钢中选材时，应由上往下搬动，并不得强行抽拉塔材组装连铁时，应用尖头扳手找孔，如孔距相差较大，应对照图纸核对件号，不得强行敲击螺栓。任何情况下禁止用手指找正	施工队长，安全员	安全施工作业票	安全旁站监理记录表	/
16		现场按作业指导书的要求配置，对主要施工工器具应符合技术检验标准，并附有许用荷载标志，使用前必须进行外观检查，不合格者严禁使用，并不得以小代大。按规定对工器具定期进行检测、试验	施工队长，安全员	安全施工作业票	安全旁站监理记录表	/
17		悬浮抱杆分解组立：在抱杆起立过程中，根部看守人员根据抱杆根部位置和抱杆起立程度指挥制动人员回松制动绳；制动绳人员根据指令同步均匀回松，不得松落	施工队长，安全员	安全施工作业票	安全旁站监理记录表	/
18		悬浮抱杆分解组立提升抱杆应设置两道腰环，间距不得小于5m；采用单腰环时，抱杆顶部应设临时拉线控制	施工队长，安全员	安全施工作业票	安全旁站监理记录表	/
19		悬浮抱杆分解组立拆除过程中要随时拆除腰环，避免卡住抱杆。当抱杆剩下一道腰环时，为防止抱杆倾斜，应将吊点移至抱杆上部，循环往复，将抱杆拆除	施工队长，安全员	安全施工作业票	安全旁站监理记录表	/

序号	施工现场专项措施	工作要求	施工负责人	施工自查形式	监理检查记录	重要问题汇报
20		悬浮抱杆分解组立抱杆应有四方拉线，拉线的地锚坑与塔位中心水平距离不小于塔全高的 1.2 倍，拉线方向与线路中心线成 45°	施工队长，安全员	安全施工作业票	安全旁站监理记录表	/
21		内悬浮外（内）拉线组塔承托绳与抱杆轴线夹角不应大于 45°，内悬浮外拉线组塔抱杆拉线地锚应位于与基础中心线夹角为 45°的延长线上，离基础中心的距离应不小于塔高的 1.2 倍。抱杆承托绳与主材联接必须使用专用卡具或专用挂点	施工队长，安全员	安全施工作业票	安全旁站监理记录表	/
22		内悬浮外（内）拉线组塔牵引系统应设置在主要吊装面的侧面，牵引装置及地锚与塔位中心的距离应不小于塔全高的 0.5 倍，且不小于 40m。当场地不能满足要求时，应采取特殊的安全措施	施工队长，安全员	安全施工作业票	安全旁站监理记录表	/
23	铁塔组立重点、控制要点	起吊物垂直下方严禁逗留和通行。合理按排工作程序，尽量避免上下交叉作业。努力做到起吊、组装依次进行，吊物正下方无人作业。地面人员应避开塔上人员的垂直下方	施工队长，安全员	安全施工作业票	安全旁站监理记录表	/
24		钢丝绳套插接长度不小于钢丝绳直径的 15 倍，且长度不小于 30cm。捆扎或吊运物件时，必须绑扎牢固，钢丝绳不能直接与物体的棱角接触	施工队长，安全员	安全施工作业票	安全旁站监理记录表	/
25		机动绞磨必须锚固可靠，皮带运转部分必须装设护罩，牵引钢丝绳在卷筒或磨芯上缠绕不得少于 5 圈，拉磨尾绳不能少于 2 人	施工队长，安全员	安全施工作业票	安全旁站监理记录表	/
26		地锚的设置必须符合作业指导书的要求，严禁利用树木或外露岩石等承力不明物作为受力钢丝绳的地锚，地锚必须采取避免被雨水浸泡的措施并按规定设置检查牌	施工队长，安全员	安全施工作业票	安全旁站监理记录表	/
27		牵引地锚坑要尽量避在起吊方向，牵引地锚与塔中心的水平距离应不小于塔全高的 1.5 倍	施工队长，安全员	安全施工作业票	安全旁站监理记录表	/
28		调整绳方向视吊片方向而定，距离应保证调整绳对水平地面的夹角不大于 45°，可采用地钻或小号地锚固定。对于山区特殊地形情况大于 45°时应考虑采用其他措施	施工队长，安全员	安全施工作业票	安全旁站监理记录表	/
29		采用埋土地锚时，地锚绳套引出位置应开挖马道，马道与受力方向应一致。按作业指导书的要求埋设地锚，工作票上应注明坑深尺寸，地锚埋设前，派专人测尺检查，深度足够	施工队长，安全员	安全施工作业票	安全旁站监理记录表	/

序号	施工现场专项措施	工作要求	施工负责人	施工自查形式	监理检查记录	重要问题汇报
30	邻近带电体组塔（单基策划）	根据新安规 2.5.2.6 要求，作业人员或机械器具与带电设备的最小距离小于控制值，定义为邻近带电体，应考虑施工机械回转半径对安全距离的影响。距离带电设备在一个倒塔距离内，应考虑加强安全风险管控	施工队长，安全员	安全施工作业票	安全旁站监理记录表	/
31		结合《国家电网公司输变电工程施工安全风险识别、评估及预控措施管理办法》，做好风险辨识，编写单基策划重点管理，必须经业主项目部安全专责、总监理工程师现场确认后方能进行施工	施工项目经理，总监理工程师	单基策划；分公司经理或公司负责本专业的专职副总工程师以上的管理人员现场检查，公司安质部等相关职能部门派专人监督，施工项目经理、专职安全员进行监督	审签；安全旁站监理记录表	/
32	高陡边坡组塔（单基策划）	结合《国家电网公司输变电工程施工安全风险识别、评估及预控措施管理办法》，做好风险辨识，编写单基策划	施工队长，安全员	安全施工作业票	安全旁站监理记录表	/
33		在陡坡上作业时应设置防护栏杆并系安全带。塔材不得顺斜坡堆放	施工队长，安全员	安全施工作业票	安全旁站监理记录表	/
34	塔料运输	严禁自卸车、挂车或托拉机等工程车、农用车载人	施工队长，专（兼）职安全员	安全提示记录，被提示人签字确认	/	/
35		机动车运输应按《中华人民共和国道路交通安全法》的有关规定执行。车上应配备灭火器。现场机动车辆应限速行驶，行驶速度一般不得超过 15km/h；机动车辆在特殊特点、路段或遇到特殊情况时的行驶速度不得超过 5km/h；并应设置安全警示标志	施工队长，专（兼）职安全员	安全提示记录，被提示人签字确认	/	/
36		装运超长、超重或重大物体时应遵守下列规定：物体重心与车厢承重中心应基本一致；易滚动的物体顺其滚动方向应掩牢并捆绑牢固；用超长架装载超长物体时，在其尾部应设置告警标志；超长架于车厢固定，物体与超长架及车厢应捆绑牢固；押运人员应加强途中检查，捆绑松动应及时加固	施工队长，专（兼）职安全员	安全提示记录，被提示人签字确认	/	/
37		索道运输施工作业指导书必须经监理审定。索道架设后，须通过现场监理验收后方能投入使用。索道使用时，不得超载、不得违规载物、不得载人	施工队长，专（兼）职安全员	安全提示记录，被提示人签字确认	/	/
38		山区抬运笨重物件道路，其宽度不宜小 1.2m，坡度不宜大于1:4	施工队长，专（兼）职安全员	安全提示记录，被提示人签字确认	/	/

序号	施工现场专项措施	工作要求	施工负责人	施工自查形式	监理检查记录	重要问题汇报
39	塔料运输	山地运输的骡马等畜力应经专门驯养；驯养人员应经该工程的安全培训，执行山地运输规定。当运输工程量较大或高山区有难度的畜力运输应编写安全措施，并由专业人员组织实施。单体畜力载货质量一般不超过 200kg，运输过程中禁止骑行	施工队长，专（兼）职安全员	安全提示记录，被提示人签字确认	/	/
40	季节性施工	夏季高温季节应调整作业时间，避开高温时段，并做好防暑降温工作。加强夏季防火管理，易燃易爆品应单独存放	施工队长，安全员	安全施工作业票	监理检查记录表	/
41		雨季前应做好防风、防雨、防洪等应急处置方案。现场排水系统应整修畅通，必要时应筑防汛堤。雷雨季节前，应对建筑物、施工机械、跨越架等的避雷装置进行全面检查，并进行接地电阻测定	施工队长，安全员	安全施工作业票	监理检查记录表	/
42		冬季应为作业人员配发防止冻伤、滑跌、雪盲及有害气体中毒等个人防护用品或采取相应措施，防寒服饰等颜色宜醒目	施工队长，安全员	安全施工作业票	监理检查记录表	/
43		用火炉取暖时，应采取防治一氧化碳中毒的措施；加强用火管理，及时清除火源周围的易燃物；根据需要配备防风保暖帐篷、取暖器等防寒设施。用明火加热时，配备足量的消防器材，人员离场应及时熄灭火源	施工队长，安全员	安全施工作业票	监理检查记录表	/
44		当环境温度低于−25℃时不宜进行施工作业，确需施工时，主要受力机具应将安全系数提高 10%～20%。在霜雪天气进行户外露天作业应及时清除场地霜雪，采取防冻防滑措施	施工队长，安全员	安全施工作业票	监理检查记录表	/

表 3–3　　　　特高压直流线路工程加强安全管理专项管控措施（架线）

序号	施工现场专项措施	工作要求	施工负责人	施工自查形式	监理检查记录	重要问题汇报
1	资源投入	分包队伍及配套放线设备投入是否满足现场施工进度要求。按照每套放线设备15天完成一个防线区段考虑	施工项目经理	现场施工组织及施工劳务外包投入计划和分包人员动态信息一览表，《主要施工机械/工器具/安全防护用品（用具）报审表》	现场监理站长核实，总监理工程师签署意见	/
2	人员培训	严格施工三级技术交底，所有分包劳务人员必须纳入施工班组交底与培训，交底记录完整，落实各级交底责任	安全员	安全教育培训记录、安全考试登记台账	参加安全教育培训，检查施工单位是否全员参加	

序号	施工现场专项措施	工作要求	施工负责人	施工自查形式	监理检查记录	重要问题汇报
3	人员培训	"同进同出"安全监督人员配备原则，按每班组或每作业面平均15人配备1名安全监督人员的比例进行设置，同时应保证配备的安全监督人员数量能满足本班组所有作业风险点的有效管控。安全监督人员是施工企业正式在编和劳务派遣人员，应参加施工单位组织开展的安全培训教育	安全监督人员	施工项目部"同进同出"人员花名册	"同进同出"履责检查表	/
4		劳务分包人员参与以下施工作业，必须在施工承包商的组织指挥下进行：高处作业、临近带电体作业、跨越架工程、起重机具安装拆卸等危险性大、专业性强的施工作业	施工队长，专（兼）职安全员	安全施工作业票	安全施工作业票	/
5		禁止未成年人、超龄、职业病禁忌人员进入现场。特种作业人员年龄不超过50周岁，普通工人年龄不超过60周岁	安全员	分包人员动态信息一览表	现场监理站长核查	/
6		各业主项目部应切实组织建管范围内施工、监理项目部开展二次培训，落实相关导则、规程、配套工器具使用等技术原则。监督监理、施工项目部认真执行架线施工技术交底工作	业主项目经理，施工项目经理，总监理工程师	培训记录	培训记录	/
7	架线阶段施工方案审查	重大施工方案定义：① 特殊跨越：跨越多排轨铁路，高速公路、高速铁路、电气化铁路；跨越110kV及以上电压等级的运行电力线；线路交叉角小于30°或跨越宽度大于70m；跨越架高度大于30m以上者；跨越大江大河或通航频繁的河流以及其他复杂地形。② 恶劣的地形环境组立铁塔专项施工方案，如直升机组立等。③ 大跨越基础、组塔、张力架线专项施工方案。④《基建安全管理规定》（27项通用制度）：附件6 ±800kV特高压直流输电线路工程架线施工方案均为重大施工方案架线施工方案（含导地线压接施工）、重要跨越施工方案、导线工地运输方案，应由施工单位技术负责人牵头组织编写，按规定流程进行内部审批后，报监理项目部审核。各业主项目部在施工、监理审查后，组织专家审查（国网直流公司参加），完善后实施	业主项目经理，施工项目总工	公司级审查	审查施工方案，审签专项施工方案报审表	/
8		放线段长度宜控制在6~8km，且不宜超过20个放线滑车。特殊地形条件超过时，应采取相应质量保证措施，并编制专项施工方案，经业主项目组组织专家审定后实施	业主项目经理，施工项目经理，总监理工程师	专项施工方案	审查施工方案，审签专项施工方案报审表	/

序号	施工现场专项措施	工作要求	施工负责人	施工自查形式	监理检查记录	重要问题汇报
9	跨越方案确定	"三跨"是指跨越高速铁路、高速公路和重要输电通道的架空输电线路区段。施工单位提前梳理"三跨"放线段相关工程信息,做好施工计划,对于"三跨"等重要、重大、高危以及特殊施工方案必须由监理组织施工单位编制审查,并由业主项目部组织专家评审,施工单位据此编制作业指导书。施工单位必须针对每个作业点的作业特点制定"单基防控"方案,并经监理审查	施工项目总工	"单基防控"方案	审查"单基防控"方案,审签专项施工方案报审表	/
10		重要交叉跨越架(或网)的搭设,应编写专项作业指导书,拉线、封顶网等关键点应进行受力计算,根据计算结果选择合适的规格型号	施工项目总工	专项作业指导书	审查施工方案,审签专项施工方案报审表	/
11		拟跨高速、高铁提前与相关部门做好协调工作	业主项目经理,施工项目经理	根据业主项目部要求,填写跨越高速、高铁计划	/	向直流部及时汇报协调进度及困难
12		在上一年年底前做好下一年年度停电计划。若停电计划不在停电窗口期内,做好提前架线准备	业主项目经理,施工项目经理	根据业主项目部要求,填写跨越高速、高铁计划	/	停电计划不在停电窗口期内需及时汇报国网直流部
13	电科院工器具安全性评估	架线阶段开展17类机具的检查,包括机动绞磨、起重钢丝绳(含绳套)、手扳葫芦(手拉葫芦)、牵引机、张力机、纤维绳、防扭钢丝绳、牵引板(导线)、放线滑车(导线、地线、光缆)、抗弯连接器、旋转连接器、网套连接器(导线、地线、光缆)、卡线器(导线、地线、光缆、钢丝绳)、压接机(高空、地面)、提线器(导线)、接续管保护装置(导线)。监督检查的机具包括施工单位租赁、购置的施工机具及专业分包单位提供的施工机具	施工项目经理	《大中型施工机械进场/出场申报表》、《主要施工机械/工器具/安全防护用品(用具)报审表》	检查,签署意见	/
14		张力架线的特种受力工器具,如网套连接器、牵引板、平衡锤、抗弯连接器、旋转连接器、卡线器、手扳葫芦等,均按出厂允许承载能力选用,并注意其规格与导线规格和主要机具相匹配。使用前应对所用工器具认真进行外观检查,并进行必要的试验	施工项目经理	《主要施工机械/工器具/安全防护用品(用具)报审表》	安全监理工程师检查,签署意见	/

序号	施工现场专项措施	工作要求	施工负责人	施工自查形式	监理检查记录	重要问题汇报
15		架线机具进场比例达到70%以上后，结合工程转序工作，施工单位项目部将进场施工机具的相关资料整理后报送监理单位，监理单位进行审核。现场检查施工机具进场比例低于50%，将对相关单位进行通报。 提前准备好监督检查，资料包括各类机具的定型试验报告、出厂试验报告、定期检验报告、第三方检测报告	业主项目经理，施工项目经理，总监理工程师	现场检查，填写《××工程主要进场施工机具监督检查资料清单》	审查《××工程主要进场施工机具监督检查资料清单》，提出审查意见	/
16	电科院工器具安全性评估	对于监督检查中的不符合项目，由建设管理单位组织监理单位、施工单位整改闭环。施工单位项目部完成整改后，填写整改报告书，附对应整改措施及验证资料，资料应包括监理单位旁站监督照片	业主项目经理，施工项目经理，总监理工程师	现场检查，填写《××工程主要进场施工机具监督检查整改报告书》	审查整改报告书，留存监理单位旁站监督照片	在架线阶段开始前，建设管理单位将整改结果发送中国电力科学研究院检查组并抄送国网直流部和国网直流公司
17		现场抽检（外观检查和抽样试验）不合格的机具，监督检查未通过的施工机具，不得进场使用。建设管理单位负责组织整改闭环，向施工单位提出整改闭环期限，未整改完成的施工机具不得进场使用	业主项目经理，施工项目经理，总监理工程师	按照检查组提出意见，及时整改闭环	督促做好整改闭环	/
18		施工单位项目部进行施工机具退场处理工作时，需要监理单位旁站监督，监理单位旁站时应举牌拍照，标牌中应注明标段、机具名称及厂家、型号、数量、监理单位及人员等信息	施工项目经理	《大中型施工机械进场/出场申报表》	监理复核确认	/
19	架线方案落实	大高差的山区架线以及电气化铁路、高速铁路、高速公路跨越、110kV及以上不停电跨越，均必须采用牵引头	施工队长，专（兼）职安全员	安全监督人员现场检查，同进同出检查记录	安全旁站监理记录表	/
20		与导线连接的网套连接器尾部用铁丝盘绕绑扎，每道绑扎20圈，两道间距150mm左右，其连接应达到网套连接器的强度要求。网套连接器通过旋转连接器连在牵引板后边。调整尾部张力，拉紧尾线。大截面导线端头和牵引板连接处，宜采用牵引管，成型铝绞线、高差较大山区及大跨越施工时必须采用牵引管	施工队长，专（兼）职安全员	现场检查，施工作业票	安全旁站监理记录表	

续表

序号	施工现场专项措施	工作要求	施工负责人	施工自查形式	监理检查记录	重要问题汇报
21		（1）放线滑车应整体运输。 （2）转角度数 30°～40° 的转角塔，宜采用加强型放线滑车；超过 40° 及垂直档距超过 1000m 的塔位，应采用加强型滑车。 （3）存在下列情况之一时，必须挂双放线滑车，双滑车间用支撑杆间隔：① 垂直荷载超过滑车的最大额定工作荷载时；② 接续管及接续管保护套过滑车时的荷载超过其允许荷载（通过试验确定），可能造成接续管弯曲时；③ 在正常放线张力的工况下，导线在放线滑车上的包络角超过 30°。 （4）同极直线塔放线滑车悬挂后须等高，独立悬挂相邻两放线滑车间的水平悬挂距离应不小于 1.5m（当滑车挂点距离较近时可将其中选定的放线滑车拉偏）	施工队长，专（兼）职安全员	现场检查，施工作业票	监理通知单	
22	架线方案落实	（1）耐张塔作紧线操作塔的临时拉线设置： 1）如果紧线操作塔横担不能承受不平衡张力，则必须在另侧装设临时拉线。 2）临时拉线按设计条件的要求，在紧靠导、地线挂线点的主材节点附近装设；拉线布置在相应的导地线的延长线上，每极导线、每组地线各装置一组，具体平衡张力按照设计规定，下端应装有长度调节装置，对地夹角不大于45°。 （2）当锚固端铁塔为耐张塔时，应先完成挂线，对侧已挂好线或已打好平衡拉线时，可在本侧直接挂线；如对侧尚未挂线，则需在该侧打好平衡拉线，再完成本侧挂线	施工队长，专（兼）职安全员	现场检查，施工作业票	监理通知单	/
23		附件安装过程中的主要安全措施： （1）附件安装过程中特别是重要交叉跨越处要做好二道保护； （2）正在进行平衡挂线作业的导线，不得同时在该线其他部位进行其他作业； （3）相邻杆塔避免同时在同一相线吊装直线附件； （4）同塔避免同时在同一垂直面上进行双层或多层作业； （5）采用人工走线安装间隔棒时，应采取可靠的安全措施	施工队长，专（兼）职安全员	现场检查，施工作业票	监理通知单	/

续表

序号	施工现场专项措施	工作要求	施工负责人	施工自查形式	监理检查记录	重要问题汇报
24	邻近带电体架线施工	根据新安规 2.5.2.6 要求,作业人员或机械器具与带点设备的最小距离小于控制值,定义为邻近带电体。施工项目部应进行现场勘查,编写安全施工方案,并将安全施工方案提交运维单位备案。邻近带电体放线必须做好接地措施,张牵设备必须可靠接地,操作人员应站在干燥的绝缘垫上,不得与未站在绝缘垫上的人员接触。牵、张机的出线端的牵引绳及导线上应安装接地滑车	施工项目经理,施工队长,专(兼)职安全员	分公司经理或公司负责本专业的专职副总工程师以上的管理人员现场检查,公司安质部等相关职能部门派专人监督,施工项目经理、专职安全员进行监督	安全旁站监理记录表	/
25		迅速可靠的通信联络是张力放线正常作业的基本保证,为此要求: (1)各岗位工作人员应经过通信技术培训,掌握通信知识和操作,能正确使用和保管通信工具; (2)选择可靠的通信工具; (3)通信语言简短、明确、统一、清晰; (4)传递、接受、执行信息的程序合理,特别应参照前文明确信号与指令的区别; (5)通信缺岗不得进行牵放作业	施工队长,专(兼)职安全员	专(兼)职安全员在放线期间加强巡查	安全旁站监理记录表	/
26		一张作业票中,作业负责人、签发人不得为同一个人。一张作业票可用于不同地点、同一类型、依次进行的施工作业。一个作业负责人同一时间只能使用一张作业票	作业负责人填写,安全、技术人员审核	安全施工作业票	安全施工作业票	/
27		施工单位成立组织机构,明确岗位职责及重点巡视内容,巡线过程中,相关专责人员应到位	施工队长,专(兼)职安全员	安全提示记录,被提示人需签字确认	/	/
28		现场检查组及验收单位人员开展相关工作进场时,施工单位需做好安全提示,所有检查验收人员必须严格遵守相关安全规程要求,保证人员、设备安全	施工队长,专(兼)职安全员	安全提示记录,被提示人需签字确认	/	/
29	检修、调试期间安全	消缺过程中,杜绝麻痹思想,做好预防电击工作,接地线应满足以下要求: (1)工作接地线应用多股软铜线,截面积不得小于 25mm²,接地线应有透明外护层,护层厚度大于 1mm。 (2)保安接地线仅作为预防感应电使用,不得以此代替工作接地线。保安接地线应使用截面积不小于 16mm² 的多股软铜线。 (3)接地线有绞线断骨、护套严重破损以及家具断裂松动等缺陷时严禁使用	施工队长,专(兼)职安全员	安全施工作业票	监理通知单	/

（2）安全强制性条文管理措施。

严格按照"强制性条文,强制性执行"的指导思想,与工程实施进程保持一致,不断规范勘察设计、施工、调试、监理、建设管理等参建单位强制性条文的执行,实行全过程（事前、事中、事后）控制,形成参建各单位相互监督、制约的强制性条文实施管理体系,确保强制性条文的贯彻实施，实现工程安全、质量目标。根据国家电网公司强制性执行管理要求，特高压直流输电线路工程建设标准强制性条文实施策划体系分三个层次的管理与实施：一是设计、施工作为强制条文执行主体，负责落实强制性条文，设计进行施工图设计时编制《工程建设标准强制性条文执行计划》，将强制性条文要求落实到施工图中，施工单位开工前编制《工程建设标准强制性条文执行计划》并在各阶段负责强制条文具体实施。二是监理单位作为强制性条件过程监督检查主体，编制《工程建设标准强制性条文监督管理实施措施》，并对设计和施工强条执行情况进行检查，施工图会审前对设计强条执行情况进行检查，对施工强条执行进行全过程监督检查，按分部工程分阶段进行检查，负责填写《强制性条文执行检查表》。三是业主项目部对设计、监理、施工强条整体策划及执行实行全面管理，分阶段做好执行情况检查，并在工程竣工时完成强条执行验收及汇总，填写《强制性条文验收汇总表》，总结强条执行经验及不足，不断提升工程建设安全质量水平。

（3）安全设施、安全防护用品管理措施。

按照《国家电网公司输变电工程安全文明施工标准化管理办法》（国网（基建/3）187—2015）相关要求，施工单位（施工项目部）应结合实际情况，按标准化要求为工程现场配置相应的安全设施，为施工人员配备合格的个人防护用品，并做好日常检查、保养等管理工作。按标准化要求布置办公区、生活区和作业现场，教育、培训、检查、考核施工人员按规范化要求开展作业，落实环境保护和水土保持措施，文明施工、绿色施工，安全文明施工设施配置标准。施工项目部必须按阶段配备齐全安全设施和防护用品，由监理项目部负责监督检查。

（4）分包安全管理措施。

分包管理是工程的重中之重，工程将采用新的管理机制，组成由业主、监理、施工项目部联合组成安全督导组，每周由业主项目部带队进行安全督查，由监理部安全副总监、安全专职或监理组长组织进行每日安全检查并落实每周安全督查整改情况。切实贯彻落实"安全第一、预防为主、综合治理"的安全生产方针，落实国家安全生产有关法律法规和上级主管部门的工作要求，进一步依法规范工程施工分包安全管理，建立分包安全管理长效机制、有效防范工程安全事故。业主项目部负责审批施工项目部报送的工程项目分包计划及分包申请，严格控制工程项目的分包范围。审查分包商资质和业绩，按流程审批工程项目分包申请。定期组织开展工程项目分包管理检查，考核评价工程项目各参建单位分包管理工作。

（5）应急管理措施。

负责组建工程项目应急工作组，组长由业主项目部经理担任，副组长由业主项目部常务副经理、总监理工程师、施工项目经理担任，工作组成员由工程项目业主、监理、施工项目部的安全、技术人员组成；施工项目部负责组建现场应急救援队伍。

项目应急工作组及其组成人员应报上级应急管理机构备案（包括通信方式）。项目应急工作组应建立值班机制；值班人员及通信方式在其管理范围内公布，并确保通信畅通。

项目应急工作组负责组织制定现场应急处置方案，监督施工项目部建立应急救援队伍，配备应急救援物资和器具，开展应急救援培训，组织开展应急处置方案演练。负责在应急状态下启动应急处置方案，组织应急救援，服从上级应急管理机构的指挥。

（6）隐患排查与治理措施。

国网直流公司和业主项目部负责组织隐患排查，按规定开展隐患评估、预警、报送，针对共性、苗头性、倾向性安全隐患，适时组织开展专项排查治理活动。

对难以立即整改的重特大事故隐患，应制定整改方案，方案需包括治理的目标和任务、采取的方法和措施、经费和物资的落实、负责治理的机构和人员、治理的时限和要求、安全措施和应急预案。

在隐患治理过程中，负责整改的施工队应采取相应的安全防护措施，防止事故发生，事故隐患在排除前或排除过程中无法保证安全的，应当从危险区域内撤出作业人员，并疏散可能危及的其他人员，设置警戒标志，暂时停止使用或停工。

（7）标准化开（复）工的安全管理。

为进一步加强工程现场管控力度，提升工程建设水平和管理效率，立足于抓好现场安全管理这个重点、着眼于各项安全管控措施在现场的有效落实这个关键环节，增强施工现场安全管控的针对性和有效性，国网直流部建立了标准化开（复）工的专项安全管理工作，以保证在工程开工前或长时间停工的复工后，能够按照安全方面的各项管理规定进行开（复）工准备工作。标准化开（复）工的安全管理主要包含以下内容：

1）业主、监理、施工项目部主要负责人，安全管理、技术管理人员，施工负责人、专兼职安全员作业现场到位。

2）业主项目部主持召开复工前"收心"会，全面掌握复工作业内容，保证施工作业力能配置完备，完成施工作业安全风险动态评估、落实各项安全保障措施后，下达"复工令"。

3）施工机械和安全防护设施经检查完好，组织并记录作业环境踏勘结果，与停工前存在较大变化的已完成专项措施制定。

4）完成新入场人员安全教育培训，剔除培训考试不合格人员，再培训情况有记录，入场考试未通过人员流向清晰。

5）作业人员熟悉施工方案和作业指导书，完成复工前的全员安全技术交底和签字。

（8）安全培训管理及安全准入措施。

为了进一步落实公司安全生产工作部署，全面提升特高压直流输电线路工程参建人员安全管理能力和业务素质，建立特高压直流线路工程"统一组织、分级培训、考核准入、持证上岗"安全培训工作机制。国网直流部对管理、技术及技能类培训合格人员统一组织发放特高压安全培训证，本证书仅作为参建特高压直流线路工程准入必备条件。

在项目开工前，国网直流建设分公司（或国网直流建设部）组织对建设管理单位、监理单位、施工单位、设计单位等项目主要管理人员进行专项技术交底培训，重点对质量管理、安全管理、造价管理、合同管理、环保水保管理、标准工艺、档案管理等内容进行技术交底培训，并进行考核。下列人员需参加专项技术交底培训：

业主项目部：项目经理、项目副经理、安全专责、技术专责、质量专责；

监理项目部：总监理工程师、总监代表；

施工项目部：项目经理、项目副经理、项目总工。

在项目开工前，由建设管理单位负责组织对业主、施工、监理单位项目参与人员进行二次专项培训，并进行考核，考核不合格人员不得从事该项目管理及现场施工管理工作。建设管理单位（业主项目部）负责建立二次专项培训管理台账，对参加培训且经考核合格人员颁发考核合格证，并进行登记。下列人员需参加二次专项培训：

业主项目部：项目经理、项目副经理、安全专责、技术专责、质量专责；

监理项目部：总监理工程师、总监理工程师代表、安全监理工程师、专业监理工程师、监理员；

施工项目部：项目经理、项目副经理、项目总工、安全员、质检员、技术员、施工队长、分包商项目负责人。

工程建设过程中，各施工、监理单位应针对各阶段入场人员开展安全教育培训，业主项目部应结合安全监督检查工作对项目管理、技术、技能人员进行不定期的现场考核，强化参建单位的安全培训意识。

施工单位负责组织从业人员的安全教育培训，保证项目经理、专职安全生产管理人员、特种作业人员持证上岗。施工项目部分阶段（基础工程、铁塔工程、架线工程三个阶段）组织开展安全教育培训，施工作业人员、管理人员经培训合格后方可上岗；并建立安全教育、培训、考试记录等台账。

监理项目部分阶段（基础工程、铁塔工程、架线工程三个阶段）组织项目监理人员参加安全教育培训，建立安全教育培训记录台账；并对施工项目部开展安全教育培训工作进行监督，在记录签字。

（9）施工安全工器具检查。

为了保证员工在生产活动中的人身安全，确保电力安全工器具的产品质量和安全使用，规范电力安全工器具的管理、现场准入及管理，特高压直流输电线路工程应对现场的施工安全机具进行安全工器具的检查评估，实行合格施工安全工器具的准入制度，切实保障现场安全。工程建设过程中，安全性能评价工作一般分两次进行，分别在组塔施工和架线施工之前，结合工程转序工作开展。

组塔施工机具安全性能评价包括通用施工机具和运输及组塔专用施工机具，架线施工机具安全性能评价包括通用施工机具和架线专用施工机具。需进行施工安全工器具检查包含但不限于以下工器具：

通用施工机具（组塔、架线阶段均需评价）主要包括：机动绞磨、起重钢丝绳（含绳套）、手扳葫芦（手拉葫芦）、吊带共4类。

运输及组塔专用施工机具主要包括：临时索道（索道牵引机）、抱杆、起重滑车（含转向滑车）、卸扣共4类。

架线专用施工机具主要包括：牵引机、张力机、纤维绳、防扭钢丝绳、牵引板、放线滑车、抗弯连接器、旋转连接器、网套连接器、卡线器、压接机、提线器、接续管保护装置共13类。

3.3.4 施工安全风险管理

参建单位要严格履行安全风险管控职责，组织开展风险等级识别、评估和控制工作，制定挂牌督查项目清单制度，落实"单基策划"风险防控要求，对风险等级较大的劳务分包单位施工点，实行日安全风险巡查机制，保证预控措施落实到位。

根据《国家电网公司输变电工程施工安全风险识别评估及预控措施管理办法》[国网（基建/3）176—2015]文件要求，结合工程特点进行施工安全风险识别、评估。

作业前，施工项目部根据动态因素，计算确定作业动态风险等级，建立《施工安全风险动态识别、评估及预控措施台账》，并根据动态风险等级采取相应措施。

在施工作业必备条件指标都符合的条件下，施工项目部根据人、机、环境、管理四个维度影响因素的实际情况，进行动态计算修正。确认实际作业存在的安全风险等级，建立《三级及以上施工安全风险动态识别、评估及预控措施台账》。

施工项目部应将项目的《三级及以上施工安全固有风险识别、评估和预控清册》和施工作业前经计算得出的三级及以上动态风险成果，报监理项目部审核、业主项目部批准。

3.3.5　文明施工管理

参建单位根据《国家电网公司基建安全管理规定》[国网（基建/2）173—2015] 和《国家电网公司输变电工程安全文明施工标准化管理办法》[国网（基建/3）187—2015] 设置的要求，结合工程现场实际，突出视觉形象要求、实行整体模块化、施工区域化管理、实施设施标准化布置，落实安全文明施工基本要素等，确保"安全管理制度化、安全设施标准化、现场布置条理化、机料放置定置化、作业行为规范化、环境协调和谐化"目标的实现，提升作业环境安全水平，保障员工身心健康。形成良好的安全文明施工氛围，确保现场文明施工常态化。

业主项目部质量管理按项目建设流程可分为项目策划、建设施工、工程验收和总结评价四个阶段管理内容。

3.4　质量管理

3.4.1　管理工作内容与方法

各阶段质量管理工作内容与方法见表 3–4。

表 3–4　　　　　　　　　　　　质量管理工作内容与方法

管理内容	工作内容与方法（工作模板编号）
项目策划阶段	（1）执行有关工程质量的法律法规、规程规范、标准以及国家电网公司的有关要求，强化现场质量管理，根据项目质量管理体系的运转情况，对质量工作提出完善和改进意见。 （2）制订工程项目建设管理纲要中的质量管理内容时，应明确工程创优目标、责任主体、重点措施、"标准工艺"实施的目标和要求，突出工程质量控制的难点、重点，按照质量目标要求明确工程建设各参建单位的质量管理责任。 （3）组织对施工单位编制的项目管理实施规划和监理单位编制的监理规划中的质量保证措施、创优措施及"标准工艺"实施策划专篇内容的有效性和可行性进行审查，确保措施符合工程实际并具有可操作性。 （4）按照《国家电网公司输变电工程质量通病防治工作要求及技术措施》要求对施工、监理、设计单位下达工程质量通病防治任务书（见附录 B 中 ZL1），填写项目管理策划文件（质量通病防治任务书）管控记录表（见附录 C 中 GK4）。 （5）审批施工单位编制的《质量通病防治措施》，审查监理单位编制的《质量通病防治控制措施》，填写项目管理策划文件审查（质量通病防治控制措施）管控记录表（见附录 C 中 GK13）和项目管理策划文件审查（质量通病防治措施）管控记录表（见附录 C 中 GK19），确保质量通病防治控制措施符合工程实际并具有可操作性。 （6）审批施工质量验收及评定范围划分表，填写项目管理策划文件审查（质量验收及评定范围划分）管控记录表（见附录 C 中 GK18），确保工程质量验评范围划分准确。 （7）按照要求在基建管理信息系统中填报和审批项目策划阶段质量管理相关内容

续表

管理内容	工作内容与方法（工作模板编号）
建设施工阶段	（1）工程开工前，参与第一次工地例会，掌握参建单位驻现场组织机构、人员及分工情况，明确工程质量目标及保证措施。 （2）参与设计交底及施工图会检工作，重点审查质量通病防治措施及"工艺设计标准图集"设计落实情况。 （3）配合建设管理单位开工前及时办理工程质量监督手续，及时申办各阶段质量监督手续，并组织相关参建单位迎接阶段性现场工程质量监督活动，督促落实质监站的整改意见。 （4）按国家电网公司优质工程标准对工程质量进行全过程管理，通过组织召开质量分析会、质量专项检查等方式，监督工程质量管理制度、工程建设标准强制性条文、质量通病防治措施、标准工艺应用等执行情况（见附录 B 中 ZL2），填写工程质量检查管控记录表（见附录 C 中 GK31）。 （5）在工程施工建设的各阶段，对设计、监理、施工等单位投入本工程的技术力量、人力和设备等资源情况进行检查。 （6）督促监理项目部做好对工程质量的检查、控制工作，配合省级公司及建设管理单位做好工程项目质量巡检，督促责任单位对质量缺陷进行闭环整改，并确认整改结果（见附录 B 中 ZL3）。 （7）组织参建单位参加质量管理竞赛活动，对有条件的大型项目，组织不同标段、不同参建单位之间的质量竞赛活动。 （8）组织参建单位开展"标准工艺"宣贯和培训；组织对"标准工艺"实体样板进行检查、验收；在工程检查、中间验收等环节，检查"标准工艺"实施情况；适时组织召开"标准工艺"实施分析会，完善措施、交流工作经验，填写标准工艺应用管控记录表（见附录 C 中 GK34）。 （9）督促监理项目部组织好导线、绝缘子、铁塔、光缆（线路工程）等主要设备材料的到场验收，以及设备材料的进场检验、试验、见证取样工作，并对检验结果进行抽检、复核。安装、调试和验收期间发现设备材料质量不符合要求时，提请物资管理部门协调解决，并通知运维检修单位。 （10）及时采集、整理数码照片、影像资料，利用数码照片等手段加强施工质量过程控制。 （11）加强工程重点环节、工序的质量控制。 输电线路工程：① 基础施工：江中、海中基础；在工程首次应用的新型基础；大体积混凝土基础等。② 铁塔工程：高塔、耐张塔结构倾斜等。③ 架线工程：导地线防磨损措施；导地线压接；对铁路、高速公路、220kV 及以上电压等级输电线路等特殊跨越的净空距离等。参与施工首次试点，加强对牵张设备、液压设备等影响工程质量的主要工器具、操作人员资格、成品质量的跟踪检查。 （12）质量事件发生后，事件现场有关人员应当立即向本单位现场负责人报告。现场负责人接到报告后，应立即向本单位负责人报告。情况紧急时，事件现场有关人员可以直接向本单位负责人报告。 （13）按照基建管理信息系统要求组织做好施工阶段工程项目质量数据维护、录入工作，按照档案管理要求及时将工程质量管理的相关文件、资料整理归档。 （14）按照工程建设施工质量验评工作的要求和验标准，监督、检查单位工程检验批、分项、分部工程施工质量验收情况和施工单位三级自检验收、监理项目部初检，参与或受建设管理单位（部门）委托组织工程质量中间验收，填写施工单位履约评价管控记录表（见附录 C 中 GK41）、监理单位履约评价管控记录表（见附录 C 中 GK42）
工程验收阶段	（1）督促施工单位完成竣工阶段三级自检工作及监理项目部工程初检工作。 （2）督促监理项目部填报工程验评记录统计审表，签署工程质量验评审批意见。 （3）督促监理项目部做好工程质量评估工作。 （4）督促施工项目部、监理项目部做好工程质量通病防治总结工作。 （5）参与竣工预验收、启动竣工验收，督促相关单位完成各级验收提出问题的闭环整改工作。 （6）对"标准工艺"应用效果组织验收，完成标准工艺应用管控记录表（见附录 C 中 GK34），督促各参建单位项目部填写标准工艺实施效果评价意见。 （7）按照要求在基建管理信息系统中填报和审批项目验收阶段质量管理相关内容
总结评价阶段	（1）负责项目建设管理总结中的质量管理部分的编写，总结工程质量管理中的好的经验和存在的问题，分析、查找存在问题的原因，提出工作改进措施。 （2）参与建设管理单位组织的工程达标投产考核和优质工程自检工作，组织参建单位配合省级公司、国家电网公司完成优质工程复检、核检工作

3.4.2 管理依据

质量管理工作的主要依据见表 3–5。

表 3–5   质量管理工作主要依据

管理内容	主要管理依据
质量综合管理	《国家电网公司基建质量管理规定》 《国家电网公司关于进一步提高工程建设安全质量和工艺水平的决定》 《国家电网公司工程建设质量责任考核办法》 《国家电网公司质量事件调查处理暂行办法》 《国家电网公司输变电工程建设监理管理办法》
项目质量管理	《国家电网公司电力建设工程施工技术管理导则》 《国家电网公司输变电工程建设创优规划编制纲要》 《国家电网公司输变电工程达标投产考核和优质工程评定管理办法》 招标文件及工程合同中工程质量条款示范文本（建设管理、勘察设计、监理、施工、设备制造、调试等） 《国网基建部关于印发<输变电工程安全质量过程控制数码照片管理工作要求>的通知》（基建质量〔2016〕56 号） 《国家电网公司电网建设项目档案管理办法（试行）》 《国家电网公司建设项目档案管理办法（试行）释义》
工艺及验收评价标准	《输变电工程建设强制性条文实施规程》 《国家电网公司输变电工程质量通病防治工作要求及技术措施》 国家电网公司输变电工程标准工艺系列成果（2012 版） 《国家电网公司输变电工程标准工艺管理办法》 《750kV 架空送电线路铁塔组立施工工艺导则》 《750kV 架空送电线路张力架线施工工艺导则》 《750kV 架空送电线路施工及验收规范》 《750kV 架空送电线路 LGJK–300/50 扩径导线架线施工工艺导则》 《750kV 架空送电线路施工质量检验及评定规程》 《1000kV 架空输电线路张力架线施工工艺导则》 《1000kV 架空输电线路铁塔组立施工工艺导则》 《架空输电线路钢管塔组立施工工艺导则》 《架空输电线路钢管塔运输施工工艺导则》 《1000kV 架空送电线路施工及验收规范》 《1000kV 架空送电线路工程施工质量检验及评定规程》 《±800kV 架空送电线路施工及验收规范》 《±800kV 架空送电线路施工质量验收及评定规程》 《±800kV 直流输电系统接地极施工及验收规范》 《±800kV 直流输电系统架空接地极线路施工及验收规范》 《特高压直流输电线路工程施工机具监督检查大纲》 《国网直流部关于印发进一步提高 1250 平方毫米大截面导线架线质量管控措施的通知》 《国家电网公司特高压直流线路工程建设安全质量 30 项强制性管控措施》 《±800kV 架空输电线路铁塔组立施工工艺导则》 《±800kV 架空输电线路张力架线施工工艺导则》 《1000kV 交流架空输电线路金具技术规范》

3.5 进度管理

3.5.1 进度计划的编审

（1）建设管理单位根据上级单位的里程碑计划编制一级网络进度计划，由业主项目部下达给设计、施工、监理等参建单位，设计、施工等参建单位编制二级网络进度计划，报监理项目部审核，由业主项目部审定后执行。

（2）国网物资部及国网物资公司落实特高压直流线路工程物资供应计划，业主项目部以一级网络计划为基础协调落实本工程的施工图交付计划。

（3）里程碑进度计划指导一级网络进度计划，一级网络进度计划指导二级网络进度计划，下级网络计划必须确保上级网络计划的有效实施。

3.5.2 进度过程控制

（1）施工项目部尽早开展线路工程复测，及时掌握现场施工进展和影响后续主体工程建设的相关问题。

（2）在施工过程中，施工项目部应对二级网络进度计划进行再分解，及时修订调整计划的执行情况，全力做到预测预控，动态管理。

（3）监理单位应监督指导工程其他各参建单位及时收集进度管理信息，掌握计划偏离情况，认真分析偏离原因，及时组织采取纠偏措施，确保进度计划节点目标的实现。

（4）业主项目部密切关注各参建单位的资源投入，确保施工力量满足现场需求。

业主项目部按照"全过程管控、突出重点"原则开展过程管理，业主项目部的进度管理重点工作及关键管控节点详见表 3-6。

业主项目部在工程建设管理过程中，应根据项目进度管理重点工作开展情况，及时整理进度管理资料。特高压直流线路工程进度管理的阶段重点工作及关键管控节点详见表 3-6 所示，业主项目部要认真做好进度管理工作，确保工程能够安全有序进展，能够按照进度计划顺利完成工程建设。

表 3-6　　　　　　　　　　　进度管理重点工作与关键管控节点

序号	重点工作	关键管控节点及工作要求	主要成果资料
1	设计交底		
2	线路复测		
3	基础工程转序	根据进度计划安排完成建管段全部基础工程施工	基础工程验收资料
4	铁塔工程转序	根据进度计划安排完成建管段全部铁塔工程施工	铁塔工程验收资料
5	架线工程转序	根据进度计划安排完成建管段全部架线工程施工	架线工程验收资料
6	附件安装		
7	竣工验收	根据进度计划组织监理单位、施工单位完成工程竣工验收工作	建设管理单位完成建管段工程的自验收工作

3.5.3 进度计划调整和进度管理依据

（1）进度计划调整。进度计划根据工程总体进展和要求，相应进行滚动修正。业主项目部组织二级网络计划的滚动调整，并按照程序完成审批；当工程实际进度有可能影响到一级网络计划执行时，业主项目部应及时向建设管理单位提出调整计划，建设管理单位审查后，经国网直流部同意后执行；当调整计划影响到里程碑计划调整时，应向建设管理单位报送计划调整专项报告，审查后向国网直流部报送里程碑计划调整申请，经国网直流部调整后执行。

（2）进度管理依据。《国家电网公司输变电工程工期与进度管理办法》《国家电网公司输变电工程开工管理办法》。

3.6 重要节点管理

业主项目部按照"全过程管控、突出重点"原则开展过程管理，业主项目部重点工作及关键管控节点见表3–7。

业主项目部在工程建设管理过程中，应根据项目管理重点工作开展情况，及时填写业主项目部标准化管理管控记录表，并同步形成管理资料。规范项目管理过程，提升项目管理能力和水平。

表3–7　　　　　　　　　　业主项目部重点工作及关键管控节点

序号	重点工作	关键管控节点及工作要求	主要成果资料
1	项目管理策划	组织编写业主项目部管理策划文件	项目策划文件： 一纲：建设管理纲要（或大纲）。 八策划：① 安全文明施工总体策划；② 创优规划；③ 风险管理策划；④ 环境和水土保持策划；⑤ 绿色施工策划；⑥ 强条执行策划；⑦ 新技术应用策划；⑧ 依法合规策划。 其他：现场应急处置方案、创新引领策划、质量通病防治任务书等
		参与工程设计、施工、监理及物资等招标工作，推动落实相关要求	相关招标文件、合同等
		审批设计、监理、施工单位项目策划文件	按照建设管单位一纲八策划和相关文件要求，对监理规划、创优监理实施细则、项目设计计划、创优设计实施细则、项目管理实施规划（施工组织设计）、项目进度计划、安全文明施工实施细则（施工安全管理及风险控制方案）、创优施工实施细则、强制性条文执行计划等报审资料的审查意见
2	标准化开工管理	核查开工前的有关手续，落实标准化开工条件，主要有： ① 业主项目部组建。② 先迁后建工作已落实、五方签证已经完成；设计遗留问题已处理完毕或落实；施工图交底及会检；路径协议完备；线路交桩、复测完成。③ 机械化施工落实；工器具安全性能评估完成；重要装备租赁；桩基检测（如有）。④ 视频监控应用满足要求；档案管理落实。⑤ 二次培训；安全	工程标准化开工所需支持性文件和工程合同等相关文件核查记录，设计文件、协议资料；地方政府路径批复相关文件及路径协议等；线路交桩、复测记录；五放签证记录；工程开工报审表审批意见

序号	重点工作	关键管控节点及工作要求	主要成果资料
2	标准化开工管理	培训准入完成；合同及安全协议书已签；项目安全委员会已成立。⑥ 第一次工地会议；进度网络计划落实。⑦ 开工许可证；开工审批已完成；预付款支付。⑧ 质监注册及首次监督完成；上级工作要求的落实	工程标准化开工所需支持性文件和工程合同等相关文件核查记录，设计文件、协议资料；地方政府路径批复相关文件及路径协议等；线路交桩、复测记录；五放签证记录；工程开工报审表审批意见
3	设计管理	组织设计联络会，完成技术确认。督促监理落实工代管理、设计创优实施细则、环、水保、设计强制性条文执行计划、"两型三新"设计实施方案、施工图纸、设计遗留问题、设计交底资料	设计联络会纪要
		组织设计交底及施工图会检，签发会议纪要并监督纪要的闭环落实	设计交底纪要、施工图会检纪要
4	工程协调与监督检查	定期召开工程例会，检查上次会议工作部署落实情况，对工作完成情况进行总结通报，布置下阶段主要工作。听取现场强化质量监督管理专项措施落实情况、工作例会、安全、质量检查、安全文明施工管理、分包管理、风险管理、关键工序质量见证、签证、放线制度管理、材料/试验资质/报告/计量器具/特种人员、甲供、乙购材料管理、质量通病防治控制、施工方案管理、环保及水土保持管理、监理旁站方案执行、质量通病防治控制措施、档案管理、环、水保管理、以往协同监督检查问题	工程例会纪要及相关会议材料
		跟踪设备、材料供货情况，组织铁塔、导线、金具等材料设备的到场验收、开箱检查；督促监理检查钢筋、水泥、砂石、水等材料送检；开展地脚螺栓检查	项目物资供货协调表、到场验收交接记录、开箱检查记录
		落实公司基建各专业管理的相关规定及要求，每月召开安全例会，掌控工程现场安全、质量、进度、造价、技术等管理制度标准和工作计划落实情况，审批监理、施工项目部报审的有关文件，按要求组织开展现场安全、质量等监督检查并监督整改闭环	安全、质量等过程管理往来文件及相关审批意见，施工安全风险清单、安全月报，相关监督检查、核查记录
		及时协调工程建设过程中出现的有关问题，采取有效管理措施，确保工程按计划顺利实施。现场强化安全监督管理专项措施落实情况、安全准入培训、施工安全风险控制、安全文明施工费、安全检查、输变电工程强制性条文执行计划、事故预防和应急处置预案、演练、材料/试验资质/报告/计量器具/特种人员、甲供、乙购材料管理、质量通病防治控制、施工方案管理、单基策划、分包管理、同进同出、现场交通运输、三级交底、劳务分包投入及保险、视频监控、环保、水保、以往协同监督检查问题	相关专题会议纪要
5	工程设计变更（签证）管理	审核确认工程设计变更（签证）中的技术及费用等内容，执行工程变更（签证）管理制度，履行工程变更（签证）审批手续	工程设计变更（签证）审核（或审批）意见
6	进度款审核	根据工程进度，按照合同条款审核确认工程进度款申请并上报	工程预付款、阶段工程量核实报表及进度款审核意见
7	工程验收及质量监督	参与或受建设管理单位（部门）委托组织工程中间验收，参与竣工预验收、启动试运行、竣工验收等工作	验收过程资料
		组织做好工程质量监督配合工作，监督落实整改意见	相关过程文件及资料

续表

序号	重点工作	关键管控节点及工作要求	主要成果资料
8	信息与资料管理	应用基建管理信息系统信息化手段，规范项目建设过程管理，推动监理、施工项目部落实信息化应用工作要求，确保系统数据录入及时、准确、完整	基建管理信息系统中保存的项目管理过程中各类报表、审批、档案、照片、记录、纪要等电子文档
		及时组织宣贯上级文件，来往文件记录清晰	收发文记录
		及时完成资料收集，组织档案移交	工程档案资料
		对工程建设管理工作进行系统梳理总结，按照相关要求和格式进行编写并上报	项目建设管理总结
9	参建单位评价	依据设计、施工、监理、物资等合同执行情况，对项目设计、施工、监理单位开展履约评价，对物资供应商提出评价建议	相关评价报告或记录表
10	工程后期管理	配合完成工程结算、工程审计、达标创优等后期工作	相关的文件资料

3.7 机械化施工管理

3.7.1 合理选择施工机械的一般原则

建设采用机械化施工目的是为了优质、高效、安全、低耗地完成工程建设任务在提高劳动生产率的同时减轻施工人员的劳动强度这是建设机械化施工应遵循的基本原则。因此在采用机械化施工时选择施工机械应遵循以下原则。

（1）适应性。施工机械与建设项目的具体实际相适应即施工机械要适应建设项目的施工条件和作业内容。

（2）先进性。新型的工程施工机械具有高效低耗、性能优越稳定、工作安全可靠、施工质量优良等优点，更能保质保量地完成工程施工任务。

（3）经济性。工程施工机械经济性选择的基础是施工单价，它主要与施工机械的固定资产消耗及运行费用等因素有关。采用先进的大型的施工机械进行工程施工，虽然一次性投资较大，但它可以分摊到较大的工程量当中，对建设项目的成本影响较小。因此在选择工程施工机械时必须权衡工程量与机械费用的关系，同时要考虑施工机械的先进性和可靠性，这是影响工程机械化施工经济效益的重要因素。

（4）安全性。在选择合适的施工机械、保证建设项目工程质量和施工进度的同时，应充分考虑施工机械的安全可靠性，如行驶稳定、有翻车或落体保护装置、防尘隔音、危险施工项目可遥控操作等。此外在保证施工人员、设备安全的同时，应注意保护自然环境及已有的建筑设施，不致因所采用的施工机械及其作业而受到破坏。

（5）通用性和专用性。根据建设项目的技术要求，选择合适的施工机械是保证工程质量和施工进度的重要条件之一。在此过程中，应充分考虑施工机械的通用性和专用性。通用施工机械可以一机多用，用一种机械代替一系列机械，简化工序，减少作业场地，扩大机械使用范围，提高机械利用率，方便管理和修理。专用施工机械生产率高、作业质量好，因此某些作业量较大或有特殊施工要求的建设项目，选择专用性强的施工机械较为合理。

3.7.2 使用管理

由于工程机械设备集中，拥有量多且品种复杂，所以对此类机械设备的使用管理应设有专门的工程机械设备工程师专管负责，大型施工机械设备应定机定人，实行机长负责制，应建立健全施工机械设备管理台账，详细记录机械设备的编号、名称、型号、规格、单价、性能、出厂日期、购买到场日期、使用情况，维护保养情况等。要从施工机械设备一到场就开始做好机械设备技术资料和有关单据凭证的分类归档工作，机械设备的主要技术资料包括使用说明书、固定资产验收单及合格证等，主要单据凭证包括进出口许可证，货运提单，保险单，商检证、发货单，原产地证明，装箱单据等。随着施工进行，及时检查机械设备的完好率，及时订购配件，以便更好地维修出故障的施工机械设备，易损件应有一定的储备，但不可造成积压浪费。

3.7.3 安全管理

安全管理从属于单位工作的主体，是一项系统工程。近几年来重特大事故频繁，给国家和人民生命财产带来了重大损失，反映出安全生产管理工作存在的主要问题是制约不力，职责不明，意识淡化，侥幸心理等。安全工作能否全面运行与实践，取决于单位领导层对安全工作的认识程度，整体意识和个人对安全管理工作权属机构的组成。

（1）认真落实单位第一负责人的安全责任，以带动全体员工安全责任的全面落实。要坚决贯彻 "管生产必须管安全"和确保各自管理范围内的安全以及对整体安全负责的安全工作责任原则。

（2）安全管理是机务管理的一项重要工作，认真贯彻执行"预防为主，安全第一"的原则，做到常抓不懈，制定《机械车辆安全管理制度》并将制度上墙做到安全管理工作有章可循。同时，要与机械设备驾驶人员签订安全责任书，从安全行驶，安全操作，安全使用等方面明确义务和责任。

加大对安全生产的日常监管力度，重点要加大养护，施工现场的安全管理，加强对车辆、机械设备的检查和保养，杜绝机械设备带病作业，严防"三违"和超载、超速现象，开展安全生产大检查，对达不到安全生产要求的，坚决予以淘汰和停用，对机驾人员要进行培训，坚决杜绝无证上岗现象。增加安全生产的投入，改善危及安全的设施，消除安全事故隐患，绝不允许威胁职工生命财产的陈旧设施运行。

机械设备的管理和维护是一个系统工程，我们要充分认识到机械设备管理工作的重要性。机械设备管理水平的好坏，将直接影响企业的经济效益。因此，要切实加强机械设备的有效管理，相互协调，以科学为指导，积极去研究、探索和采用先进的管理维护方法，逐步使机械设备的管理和维护工作，走上科学化、规范化、制度化的轨道。

3.8 智慧工地标准化管理

3.8.1 全过程措施

（1）依托二维码云盘项目管理技术，对施工作业人员、工器具工程档案等实施动态信息管理。

（2）现场全面采用 3G 视频监控系统，监理项目部根据业主项目部《安全管理总体策划》编制了《3G 视频监控监理实施细则》，切实确保 3G 视频监控系统在现场得到有效使用，全面提升现场安全、质量管控水平。

（3）施工项目部驻点和材料站均采用摄像监控，设置多方位，多角度控制监视点，每个监控点均会自动录像，方便查询监控记录，有利于安全防盗控制。

（4）组塔及放线阶段利用无人机航拍加强对现场的安全文明施工及高空作业的管控。

（5）施工项目部开发"同进同出"管理信息系统，强化现场施工管理。通过现场工作的标准化、智能化、数据化管理，可以消除人与人之间职业道德、技术水平的差距，大幅提升现场监督效果，同时也加强了对同进同出人员的管理。

（6）工程开工前即在微信创建直流公司建管群，及时发布各种工程信息及动态报道。

（7）利用手机 APP 新技术，方便现场数码照片采集，确保现场数码照片采集完整。

3.8.2 各阶段特殊措施

（1）基础阶段。

1）针对戈壁沙漠地区基础养护特点，采用"智能点滴基础养护装置"，做到时段滴水量自动调节及缺水报警，在节水提效的前提条件下确保了基础养护质量。

2）针对戈壁滩无人区地形特点，应用"互联网+"管理手段，在进场道路路口及分叉口设置二维码标识牌保障工地运输。

3）现场钢筋采用自动智能钢筋捆扎机进行绑扎；混凝土全部采用商混搅拌车运输、泵送浇筑，采用红外线测温仪监测入模温度并利用微信实时发至项目管理群进行质量管控。

（2）组塔阶段。采用全吊车组塔，并在吊车吊臂顶端设置无线实时传输摄像头，利用手机 APP 软件进行实时监控。

（3）架线阶段。部分牵、张场试采用牵张机集成控制室进行张力放线，并在铁塔横担处设置无线实时传输摄像头，利用笔记本电脑观察放线走板过滑车实时状况，确保导线放线质量。

通过"智慧工地"建设，针对现场基础、组塔和架线施工深度交叉，进一步落实"同进同出"和"人员到岗到位"等安全强制性管控措施，线路现场施工的"本质安全"和"实体成优"管控目标，各项安全技术措施和标准工艺的落实提供了技术手段的保证。

3.9 信息管理

特高压直流线路工程建设中信息管理的目标是利用现代信息技术为工程服务，开发、运用输变电工程信息管理系统，建立统一的信息化管理平台，保证信息的及时收集，准确汇总，快速传递，充分发挥信息的指导作用。在工程建设过程中全面应用国家电网公司基建管控系统，实现工程信息统一管理，便于国家电网公司总部及时掌握工程进展、即时协调工程关系，同时根据特高压直流特点，补充特有的管控功能，提高工程管理水平，实现工程管理信息化、决策实时化，全面提高工程管理的效率和质量。

（1）信息分类。

1）信息简报。现场建设管理执行周报制度。现场建设周报由业主项目部及各参建单位分别编报，监理单位汇总各施工单位编制的周报及监理周报，报送业主项目部；业主项目部编制对应建管段线路工程建设周报，报送建设管理单位。

在工程建设期间，监理单位于固定日期将电子版周报报送至业主项目部邮箱，业主项目部在固定日期将周报报送至建设管理单位。

2）信息系统。现场建设管理使用国家电网公司统一的基建管控系统。业主项目部负责工程管理范围内基建管控系统应用需求的汇总、审查和上报；负责上报、审查管理范围内工程综合、进度、安全、质量、物资、技术管理等信息，对发现的问题及时督促各参建单位整改，并按月进行考核；负责发布通知；负责组织管辖范围内各参建单位参加国网直流部组织的系统培训。

（2）宣传管理。特高压直流线路工程的建设管理单位、业主项目部、监理项目部、施工项目部负责信息宣传稿件的撰写。由建设管理单位相关部门负责汇总审核统稿上报。

（3）现场视频监控系统。按照国网直流部远程视频监控系统的工作要求，推行辅助应用远程视频监控系统。督促施工监理单位落实系统建设和应用，业主项目部每周抽查系统应用情况并利用系统进行抽查，建设管理单位相关部门每月抽查系统监督应用情况。

（4）相关会议的信息。建设管理单位每季度组织召开工地例会、安委会；业主项目部组织召开现场建设工作会议、安全工作例会和质量工作例会，可合并进行，每月一次。现场设计、监理、施工、物资等代表参加。例会落实管理责任，协调解决问题。会议决定以纪要形式印发相关单位并上报建设管理单位相关部门。

（5）信息管理依据。《国家电网公司基建部关于加强基建管理信息系统实用化应用及基建专业运营监测数据指标管理的通知》（基建安质〔2012〕284 号），《关于基建管理信息系统单轨应用的通知》（基建安质〔2012〕188 号），《国网基建部关于印发〈输变电工程安全质量过程控制数码照片管理工作要求〉的通知》（基建质量〔2016〕56 号），《国家电网公司电网建设项目档案管理办法（试行）》（国家电网办〔2010〕250 号）。

3.10 创新管理

特高压直流线路工程建设过程中要积极推广应用"五新"及建筑业十大新技术，确保该工程至少获省（部）级科技成果、QC 小组成果奖各 2 项。

建设管理单位相关部门牵头项目总体科技创新，配合国网直流部开展工程建设相关科技研究。业主项目部进行工程新技术应用示范工程管理策划，组织策划施工技术、QC 管理，结合工程创优安排，制定新技术应用策划并组织实施。

各项研究专题承担单位负责成立研究工作组。研究工作组应严格按计划推进专题研究；确保研究资源投入，保障研究质量，确保依法依规合理使用研究经费；及时报告专题研究过程中的重大事项；专题实现预期研究目标后申请开展自验收和验收；按照国家电网公司统一要求，对研究成果、知识产权（专利、标准等）进行申请和保护。

业主项目部、建设管理单位按季按月跟踪相关科技项目、QC 项目进展情况，及时协调相关事项进展，组织成果总结和奖项申报。

3.11 课题管理

3.11.1 课题管理目标和课题立项

（1）课题管理目标。

课题管理的总体目标为：深化特高压直流线路工程关键技术研究，全面掌握特高压直流线路工程建设中施工技术，为工程建设提供科学依据，完善特高压直流线路工程建设标准、规程、规范体系，指导工程建设，促进特高压直流输电技术的规模化应用。

（2）课题立项。

建设管理单位根据特高压直流线路工程建设实际需要，提出课题需求，编写项目研究内容、计划以及研究预计成果，交由国网直流部进行立项论证、评审、批准立项三个阶段确立，由国网物资公司负责课题招标工作。完成招标工作后，课题承担单位负责填写科技项目合同，经建设管理单位审查合格后，送财务、法律等有关部门审查会签后正式签订。合同签订后，执行单位根据进度计划组织实施。

建设管理单位负责的课题可分为两个部分：一是支撑工程建设的相关课题；二是新材料、新工艺、新技术研制相关课题。

3.11.2 课题过程管理

（1）加强课题与工程互动衔接。

建设管理单位对课题研究全过程进行跟踪、协调、检查，确保各项研究进展的可控、在控。根据课题研究和工程建设的需要，定期或适时组织专题技术交流、专题技术研讨和研究成果中间评审会，促进各相关课题之间加强信息交流，及时应用最新成果，调整研究思路和方法，保障科研成果正确、有效。重点加强科研与参建单位之间的信息沟通和资料交换，根据工程需求刷新研究边界条件，并依托攻关成果进一步组织工程专题研究，形成科研攻关与工程设计互动的常态机制，解决制约科研进度和工程建设的关键问题。

（2）强化课题中间检查、成果验收与评审。

加强课题研究过程中间检查，精心组织课题验收及成果评审。中间检查，重点检查课题工作进度、课题的研究路线和方法是否得当。在课题研究各个阶段，及时组织相关专业权威专家进行专题研讨、中间审查、专项验收，紧密结合工程实践反复论证、多重把关，严格执行成果评审及课题验收程序，保证研究成果的质量，确保课题研究成果能在工程中得到有效应用，实现工程建设全面自主化。依托科研成果和工程实践，同步推进标准体系建设，推动在特高压直流线路工程中的规模应用。

研究课题完成后，先由课题承担单位进行内部评审验收，满足条件后提交建设管理单位审查，初审合格后组织专家验收。验收应组织相关专业知名专家参加，对课题的技术路线、研究方法和结论进行推敲、质疑，指出课题的优点和需要进一步完善的内容。由承担单位修改完善、达到验收要求。重大关键技术问题组织公司级审查。由国家电网公司领导主持，相关专业知名专家参加，对研究结论进行最后的决策。

3.11.3 科研成果管理

课题结题之后，建设管理单位组织课题承担单位对课题研究成果进行梳理，深度挖掘成果中可能存在的专利申请点，组织开展专利申报书编写工作，提出专利申请技术交底书及相关法律文书。最后将专利申请资料提交给国家电网公司相关部门申请相应的专利。

在遵守国家电网公司保密规定的前提下，建设管理单位对课题研究成果进行全面总结，将成果资料提交给国网直流部。直流部将择优录入《国家电网公司特高压输电技术研究成果专辑》，并在国际国内相关学术刊物、有影响的大会如 CIGRE、IEEE 年会上发表中国特高压研究成就的文章或研究报告。

建设管理单位根据课题研究成果的重要性，按照奖项申报时间安排和申报要求，提前筹备资料，组织申报国家电网公司、行业及国家有关工程和科技奖项。

3.12 造价管理

3.12.1 管理工作内容与方法

造价管理工作内容与方法见表 3-8。

表 3-8 造价管理工作内容与方法

管理内容	工作内容与方法（工作模板编号）
初步设计概算 配合管理	（1）配合提供工程概算编制所需资料。 （2）参加工程初步设计内审，配合建设管理单位参加公司或省级公司基建部组织的工程初步设计概算评审工作。 （3）负责督促设计单位按建设管理单位转发的省级公司、公司及其指定的咨询机构的评审意见进行概算修编工作，并将修编概算提交建设管理单位。 （4）负责将报审版和最终审定版的工程初步设计概算按规定的模板格式导入基建管理信息系统

续表

管理内容	工作内容与方法（工作模板编号）
工程招标造价配合管理	参与工程招标文件商务部分、招标工程量清单、招标控制价编审
工程量管理	（1）工程设计阶段：负责组织设计单位和监理单位审核设计工程量，形成审定版的设计工程量文件，并按要求在基建管理信息系统中提报。 （2）工程实施阶段：负责按照施工进度要求，根据施工设计图纸、工程设计变更和经各方确认的工程联系单，组织设计单位、监理单位和施工单位核对工程量，并编制完成施工工程量文件。 （3）竣工结算阶段：负责组织设计单位、施工单位、监理单位共同审核竣工工程量，编制完成竣工工程量文件和工程量变化情况分析报告（见附录 B 中 ZJ1），并提交建设管理单位。 （4）负责组织工程量管理和资料归档工作
进度款管理	（1）负责审核及确认工程预付款、工程进度款、设计费、监理费以及工程其他费用支付申请，并向建设管理单位提出支付意见。 （2）在基建管理信息系统中向建设管理单位提交复核后的工程预付款、工程进度款支付申请。 （3）填写进度款审核管控记录表（GK40）
工程设计变更管理	（1）负责审核工程设计变更（见附录 B 中 ZJ2），依据《国家电网公司输变电工程设计变更管理办法》，按审批权限分级审批。 （2）完成工程设计变更相关审批后，在基建管理信息系统中录入变更结果及其他相关内容。 （3）负责监督、检查监理单位及时审核有关造价部分的工程变更资料。 （4）填写设计变更（签证）管控记录表上造价管理的内容（GK39）
结算管理	（1）具体负责工程结算工作，对承包人递交的工程结算文件进行审价；收集整理全部工程结算资料，编制竣工结算文件并提交建设管理单位整理汇总后报省级公司基建部（ZJ3）。负责根据省级公司基建部的批复意见调整工程竣工结算。 （2）负责提供申请调整概算或动用预备费所需的基础资料和分析材料。 （3）负责在基建管理信息系统中上传审定后的竣工结算报告。 （4）负责将工程结算资料向建设管理单位移交。 （5）配合开展工程结算督查、检查管理工作
竣工决算配合管理	配合建设管理单位财务、审计部门完成工程财务决算、工程审计、财务稽核以及固定资产转资等工作

3.12.2 管理依据

造价管理主要管理依据见表 3-9。

表 3-9　　　　　　　　　　　造价管理主要管理依据

管理内容	主要管理依据
初步设计概算配合管理	《国家电网公司输变电工程初步设计评审管理办法》
工程招标造价配合管理	《关于印发进一步加强输变电工程设计、施工、监理集中招标指导意见的通知》（基建建设〔2012〕94 号） 《国家电网公司输变电工程设计、施工、监理招标集中管理规定（试行）》（国家电网办〔2010〕578 号）
工程量管理	《国家电网公司输变电工程工程量管理规定》
进度款管理	《国家电网公司输变电工程结算管理办法》
工程设计变更管理	《国家电网公司输变电工程设计变更管理办法》

续表

管理内容	主要管理依据
结算管理	《建筑工程施工发包与承包计价管理办法》 《国家电网公司输变电工程设计变更管理办法》 《国家电网公司输变电工程结算管理办法》 《国家电网公司基建部关于印发国家电网公司输变电工程结算通用格式（2012年版）的通知》（基建技经〔2012〕301号） 《关于加强国家电网公司系统输变电工程竣工结算集中监督工作的通知》（基建技术〔2010〕63号） 《关于完成输变电工程结算完成时间的通知》（基建技经〔2012〕75号）
竣工决算配合管理	《国家电网公司工程竣工决算报告编制办法（试行）》
技术标准	《建筑安装工程费用项目组成》 《电网工程建设预算编制与计算标准》 《电力工程建设概算定额》 《电力工程建设预算定额》 《关于颁布〈电力建设工程概预算定额价格水平调整办法〉的通知》（电定总造〔2007〕14号） 《关于试行国家电网公司输变电工程估算概算基础资料通用格式的通知》（国家电网电定〔2008〕19号） 《国家电网公司输变电工程勘察设计费概算编制（试行）和监理费概算编制办法》 《电力建设工程工程量清单计价规范》 《输变电工程工程量清单计价规范》（Q/GDW 593.1—2011）

3.13 建管尾工管理

3.13.1 工程验收

（1）启动验收委员会组织机构。

启动验收委员会全面负责协调、解决工程后期竣工验收、启动、系统调试、试运行、投产移交等环节的重大事宜。具体负责审查单项工程预验收报告，组织工程竣工验收；审查工程启动调试准备情况，协调、决策工程启动调试的重大事宜；审定系统调试方案、启动调度方案，检查生产准备情况，组织系统调试和试运行工作；审议系统调试报告、启动试运行报告，确定工程正式投运时间；主持工程移交生产事宜，签署工程启动竣工验收签证书。

启动验收委员会主任、副主任委员由公司领导担任，公司有关领导、顾问以及总部有关部门、工程建设有关单位负责人为委员。启动验收委员会下设专家组、竣工验收组、调度指挥组、试验测试组、设备监视组、生产准备组、后勤保障组等专业小组，具体负责各方面工作。

国网直流部负责工程启动验收委员会的组建和日常工作。

（2）启动验收委员会主要职责。

各单项工程竣工后，依次申请进行施工单位自检、监理初检、竣工预验收。启动验收委员会竣工验收组各单项工程竣工验收组负责审查相应竣工预验收报告，组织竣工验收，并提出竣工验收报告，跟踪、确认消缺完成情况。启动验收委员会竣工验收组在听取各单项工程竣工验收报告的基础上，形成分站竣工验收报告。

在启动验收委员会组织体系下，国网直流部委托国网直流公司具体负责编制竣工验收管理办法，组织竣工验收和消缺，国网直流公司全程参加竣工验收现场检查和档案检查工作，属地省公司负责组织线路工程竣工预验收和消缺；国网信通公司具体负责组织系统通信工程预验收、消缺并受委托开展竣工验收工作。启动验收委员会主要职责有：

1）审查单项工程预验收报告，组织工程竣工验收；听取质量监督评价意见。

2）审查工程启动调试的准备情况；

3）协调、决策工程启动调试的重大事宜；

4）审定系统调试方案、启动调度方案；

5）检查生产准备情况；

6）决定启动时间；组织系统调试和试运行工作；

7）审议系统调试报告、启动试运行报告；

8）确定工程正式投运时间；

9）主持工程移交生产事宜；

10）签署工程启动竣工验收签证书。

（3）各专业组的职责。

1）专家组负责对重要试验、调试技术方案进行审查；对工程建设质量进行检查，提出评价报告；对启动验收的重大事项提供决策的参考意见。

2）竣工验收检查组按照工程特点成立系统通信工程和沿线各省线路等单项工程竣工验收检查组。

3）单项工程竣工验收检查组负责组织各自责任范围内的竣工验收工作，审核单项工程竣工预验收报告，组织单项工程竣工验收并提出报告，组织消缺和遗留问题处理工作。

4）竣工验收检查组负责组织、协调、监督单项工程竣工验收检查组的工作，提出工程竣工验收报告，确认是否具备系统调试条件，部署消缺和遗留问题处理工作，审查并确认系统调试和试运行意见。

5）调度指挥组负责编制系统启动调度方案，组织、协调、落实调度运行、继电保护、系统通信、自动化等系统的保障工作，指挥调试、运行的设备操作。调度指挥组下设调度组、保护组、通信组、自动化组。

6）试验测试组负责系统调试方案的研究和编制，按照审定的系统调试方案组织实施调试工作，编制系统调试报告。

7）生产准备组负责检查生产准备工作，包括运行和检修人员配备、运行维护设备和工器具的配备，人员培训和考核、运行规程编制等工作。

8）后勤保障组负责工程启动调试、试运行阶段的后勤服务。

（4）工程验收的程序。

1）工程完工后，依次组织施工单位三级自检、监理初检、竣工预验收。各级验收组织完成验收工作后形成报告，组织整改，具备条件后向上一级验收组织提出验收申请。

2）启动验收委员会竣工验收组下设的各单项工程竣工验收检查组审查相应单项工程的竣工预验收报告，组织该单项工程的竣工验收，提出单项工程竣工验收报告。确认消缺完成情况。

3）启动验收委员会竣工验收组听取各单项工程竣工验收检查组提交的竣工验收报告，决定检查方式并实施检查，向启动验收委员会提交竣工验收报告。

4）专家组负责对工程启动验收阶段的重要试验、系统调试方案进行审查，对工程建设质量进行检查，提出评价报告；向启动验收委员会提交专家组验收报告。

（5）试运行和移交。

系统调试完成后，系统调试组向启动委员会报告调试结果、存在问题和建议，启动委员会根据调试结论以及各方面准备情况，确定试运行开始时间，试运行时间按有关规程规定和启动验收委员会的决定执行。

国网运检部组织国网运行公司、属地省公司负责试运行期间的运行维护管理。

试运行结束，提出试运行结论意见，启动验收委员会组织审查后签署。试运行结束并消缺完成后，工程实物自然移交生产，工程转入系统调度管理，属地省公司自行办理本省线路实物交接手续。工程移交的内容：竣工资料、备品备件、专用工具和仪器仪表。

工程投产后三个月内，属地省公司组织办理《工程启动竣工验收证书》，国网直流部报启动验收委员会主任批准。

工程实行"零缺陷移交"，影响工程投运的所有缺陷处理工作必须在投运前完成。受外部因素干扰无法在投运前完成的工作（政策处理、通道清理、相关纠纷等），在满足安全运行的前提下，以遗留问题的方式，交由属地省公司组织处理，相关建设管理单位配合。

3.13.2　工程创优

（1）工程创优措施。

发挥建设单位的各项管理职能，促进管理创优。在管理模式上，建立"目标管理、超前策划、过程控制、阶段考核、整体创优"的工作机制，优化管理流程，健全管理制度，规范管理行为。各参建单位必须在进入工程施工现场前制定出自己的创优目标、工作方案和措施。在管理手段上，运用 ERP、基建管理等现代化信息管理技术，随时掌握工程建设动态，监控进入现场的每一批物资、设备质量和各阶段施工质量，控制工程建设的投资和进度，促使工程参建各方的责任到位。

突出监理在工程中的监督职能，坚持国优标准，确保工程目标实现。细化监理在工程中的监督责任，对相关参建单位的创优计划超前介入，认真审查，确保创优工作贯彻到各参建单位日常管理工作之中。强化工程质量的过程控制，对工程施工、安装监理按要求做到 100%的到位。采取连带责任考核追究的管理措施，确保工程各阶段的质量验收成果真实、可靠。

强化专业队伍的专业化管理，全面落实标准化成果应用。健全工程施工中的质量管理体系、技术管理体系、质量保证体系，完善技术、质量管理制度，积极采用新工艺，提升工程内在质量水平；施工单位应细化工程创优目标，进行广泛动员，强化施工参与人员的工程创优意识，开展工程创优二次工艺策划活动，制定管理防范措施，消除工程质量通病，在工程实体质量满足优良标准的同时，追求观感质量；建立健全职业安全健康与环境管理体系，完善安全施工与环境保护管理制度，坚持做好安全文明施工，规范作业行为，营造整洁、有序的工作环境；结合工程施工实际，积极做好危险源、环境因素辨识、风险分析及控制措施的制定及实施，确保"安全双零"、无环境污染事故和投诉；准确、规范填写施工、安装（调试）原始记录，及时收集、整理有关技术资料和质量保证资料，做好工程声像资料的收集、整理工作。图片、声像等材料应能反映工程全貌、施工阶段（包括基础、结构和设备安装等）及主体工程的重要部位、隐蔽部位、施工技术和质量保证措施和工程的建设管理特色，确保工程资料的完整、真实和及时归档。

严把物资设备供应关，确保工程质量和进度。严格物资、设备进入现场的检验程序，杜绝质量不合格的物资、设备进入现场。

以生产运行标准考核促进夯实工程创优基础工作。强化"基建为生产服务"意识，生产运行单位参加工程重要阶段和关键项目的检查验收。生产运行单位准备工作提前安排，确保工程移交后立即进入规范化的运行阶段。

确保工程档案资料的真实、完整、规范。各参建单位落实档案管理人员，突出工程档案管理的地位。根据需要，对监理单位的档案管理工作进行定期或者阶段性的检查；同时，业主项目部与监理单位还将定期或者阶段性的对设计、施工、物资供应、运行单位的档案管理工作进行检查。以实现工程建设全过程的档案管理，确保工程竣工投产后三个月内全部移交。

（2）绿色施工。

绿色施工是指工程建设中，在保证、质量安全等基本要求的前提下，通过科学管理和技术进步，最大限度地节约资源与减少对环境负面影响的施工活动，实现"四节一环保"。绿色施工管理主要包括组织管理、策划管理、实施管理、评价管理和人员安全与健康管理五个方面。

1）组织管理。① 建立绿色施工管理体系，并制定相应的管理制度与目标。② 施工项目经理为绿色施工第一责任人，负责绿色施工的组织实施及目标实现，并指定绿色施工管理人员和监督人员。业主、监理负责监督绿色施工体系运行状态。

2）策划管理。① 编制绿色施工方案。② 绿色施工方案应包括以下内容：环境保护措施，制定环境管理计划及应急处置预案，采取有效措施，降低环境负荷，保护地下设施和文物等资源；节材措施，在保证工程安全与质量的前提下，制定节材措施，如进行施工方案的节材优化，建筑垃圾减量化，尽量利用可循环材料等；节水措施，根据工程所在地的水资源状况，制定节水措施；节能措施，进行施工节能策划，确定目标，制定节能措施；节地与施工用地保护措施，制定临时用地指标、施工总平面布置规划及临时用地节地措施等。

3）实施管理。① 绿色施工应对整个施工过程实施动态管理，加强对施工策划、施工准备、材料采购、现场施工、工程验收等各阶段的管理和监督。② 应结合工程项目的特点，有针对性地对绿色施工作相应的宣传，通过宣传营造绿色施工的氛围。③ 定期对职工进行绿色施工知识培训，增强职工绿色施工意识。

3.13.3　达标投产和工程总结

（1）达标投产。

考虑到工程投资规模和重要意义，工程竣工后按规定组织进行达标投产考核，组织申报国家电网公司、电力行业及国家科技奖（详见3.10　创新管理）。

属地省公司负责组织达标投产自检，国网信通公司配合。国网直流部负责组织达标投产复检、命名。

（2）工程总结。

国网直流部负责工程总结的总体策划、统筹协调及成果审查，负责组建编审体系，由国网直流部指定的单位牵头负责工程总结统稿工作，统稿工作需收集建设管理、科研、设计、施工、监理等单位工程总结和声像材料。国网直流公司具体负责档案、创优以及施工技术创新章节编写。

各建管单位应组织质量回访，处理遗留问题。组织完成包括科研、设计、设备材料研制、工程施工和建设管理、竣工决算及审计、系统调试及试运行、调度运行等在内的工程总结，全面总结工程建设成果和经验，传承工程建设运行的关键技术和管理经验，指导后续工程建设。

3.14 评价管理

3.14.1 业主项目部综合评价

（1）评价方法。

国网直流部负责特高压工程业主项目部建设的业务指导、监督检查和业绩评价考核。

国网基建部不定期对各单位业主项目部标准化建设工作开展情况进行监督抽查，并定期开展评价和相关竞赛评比活动。

省级公司基建部负责本省业主项目部建设的业务指导、监督检查，在工程竣工投产后30 个工作日内，按照业主项目部综合评价表（见附录 B 中 PJ1）的评价指标及考评标准，组织完成业主项目部工作考核评价。每季度首月 5 日前将上一季度新建特高压直流线路工程业主项目部综合评价考核情况报国网基建部备案。在项目建设过程中，建设管理单位、省级公司基建部可参照业主项目部综合评价表的评价指标及考评标准，适时对所属业主项目部工作开展情况及其实际效果进行过程评价，过程评价结果作为工程竣工投产后综合评价的基础依据。

（2）评价标准。

对业主项目部的综合评价主要包括业主项目部标准化建设、重点工作开展情况、工作成效三个方面，具体评价内容及评价标准参见业主项目部综合评价表。检查表内各检查子项的标准分是该项工作评价的最高得分，同时也是检查扣分的上限。

（3）评价结果应用。

各业主项目部过程评价及综合评价结果，作为各级基建部门开展业主项目部标准化建设示范工地竞赛活动、优秀业主项目经理评选等竞赛评选工作的重要参考依据。

3.14.2 监理单位及其监理项目部综合评价

（1）评价方法。

业主项目部在工程建成投运后一个月内，按照监理项目部综合评价表（见附录 B 中PJ2）的评价内容和评价标准，负责完成对监理项目部标准化工作开展情况及其取得的实际效果进行综合评价，并及时将评价结果上报建设管理单位。

（2）评价标准。

业主项目部对监理项目部的综合评价主要包括项目部组建及资源配置、项目管理、安全管理、质量管理、造价管理与技术管理五个方面，具体评价内容及评价标准参见监理项目部综合评价表。检查表内各检查子项的标准分是该项工作评价的最高得分，同时也是检查扣分的上限。

（3）评价结果应用。

1）工程结算方面。按照本工程合同相关条款，将评价结果作为工程结算的依据。

2）资信评价方面。按照《国家电网公司输变电工程设计施工监理承包商资信管理办法》相关规定，监理项目部综合评价得分即为监理承包商本工程指标评价得分，将评价结果与承包商资信评价予以挂钩落实。

3.14.3　施工单位及其施工项目部综合评价

（1）评价方法。

业主项目部在工程建成投运后一个月内，按照施工项目部综合评价表（见附录 B 中 PJ3）的评价内容和评价标准，负责完成对施工项目部标准化工作开展情况及其取得的实际效果进行综合评价，并及时将评价结果上报建设管理单位。

（2）评价标准。

业主项目部对施工项目部的综合评价主要包括项目部组建及管理人员履职、项目管理、安全管理、质量管理、造价管理与技术管理五个方面，具体评价内容及评价标准参见施工项目部综合评价表。检查表内各检查子项的标准分是该项工作评价的最高得分，同时也是检查扣分的上限。

（3）评价结果应用。

1）工程结算方面。按照本工程合同相关条款，将评价结果作为工程结算的依据。

2）资信评价方面。按照《国家电网公司输变电工程设计施工监理承包商资信管理办法》相关规定，施工项目部综合评价得分即为施工承包商本工程指标评价得分，将评价结果与承包商资信评价予以挂钩落实。

3.14.4　设计单位综合评价

（1）评价方法。

按照《国家电网公司输变电工程设计质量管理办法》相关规定，工程设计质量评价范围主要包括初步设计、施工图设计、现场服务、设计变更、竣工图设计五个部分，评价结果由初步设计 65%、施工图设计 20%、现场服务 5%、设计变更 5%、竣工图设计 5%的权重系数加权计算形成。业主项目部配合建设管理单位完成对设计单位的施工图设计、设计变更、现场服务和竣工图设计四个部分的质量评价，施工图设计质量评价在收到全部施工图后 20 个工作日内完成，设计变更、现场服务、竣工图设计质量评价在工程施工过程中及时完成，并在收到工程竣工图后 20 个工作日内完成全部评价工作，并及时将评价结果上报建设管理单位。

（2）评价标准。

输变电工程设计质量管理评价满分 100 分，分别对初步设计、施工图设计、现场服务、设计变更、竣工图设计情况进行评价，具体评价指标及评价标准依据《国家电网公司输变电工程设计质量管理办法》（见附录 B 中 PJ4、PJ5）。评价表内各评价子项的标准分是该项工作评价的最高得分，同时也是检查扣分的上限。

（3）评价结果应用。

1）工程结算方面。按照《国家电网公司输变电工程设计质量管理办法》及本工程合同相关条款，将评价结果作为工程结算及设计质保金支付的依据。

2）资信评价方面。按照《国家电网公司输变电工程设计施工监理承包商资信管理办法》相关规定，设计质量综合评价得分即为设计承包商本工程指标评价得分，将评价结果与承包商资信评价予以挂钩落实。

3.14.5 物资供应商履约评价

（1）评价方法。

在项目实施过程中，业主项目部配合建设管理单位物资管理部门对物资供应商在产品设计、生产制造、发货运输、交货验收、安装调试、售后服务等方面的履约行为进行全过程评价。发现物资供应商发生违约行为时，业主项目部应及时填写供应商违约情况表（见附录 B 中 PJ6），并上报建设管理单位，建设管理单位及时将供应商违约情况表转报给相关物资管理部门。业主项目部按要求填写物资供应管控记录表（GK32）。

（2）评价标准。物资产品相关技术标准、质量标准及物资供应合同。

（3）评价结果应用。

1）物资结算方面。业主项目部上报的供应商违约情况，作为各级物资管理部门对物资供应商合同结算的依据。

2）绩效评价方面。各级物资管理部门应将业主项目部上报的供应商违约情况，按照物资绩效评价相关规定，在对物资供应商绩效评价工作中予以挂钩落实。

3.14.6 管理依据

评价机制主要管理依据见表 3-10。

表 3-10　　　　　　　　　　评价机制主要管理依据

管理内容	主要管理依据
业主项目部的评价考核	《国家电网公司基建部关于加强业主项目部标准化管理的通知》（基建计划〔2013〕58 号） 《国家电网公司业主项目部标准化管理办法》
监理单位及其监理项目部的评价考核	《国家电网公司基建部关于加强业主项目部标准化管理的通知》（基建计划〔2013〕58 号） 《国家电网公司业主项目部标准化管理办法》 《国家电网公司输变电工程设计施工监理承包商资信管理办法》 《国家电网公司输变电工程结算管理办法》

续表

管理内容	主要管理依据
施工单位及其施工项目部的评价考核	《国家电网公司基建部关于加强业主项目部标准化管理的通知》（基建计划〔2013〕58 号） 《国家电网公司业主项目部标准化管理办法》 《国家电网公司输变电工程设计施工监理承包商资信管理办法》 《国家电网公司输变电工程结算管理办法》
设计单位的评价考核	《国家电网公司基建部关于加强业主项目部标准化管理的通知》（基建计划〔2013〕58 号） 《国家电网公司业主项目部标准化管理办法》 《国家电网公司输变电工程设计施工监理承包商资信管理办法》 《国家电网公司输变电工程结算管理办法》 《国家电网公司输变电工程设计质量管理办法》
物资供应商履约评价	《国家电网公司基建部关于加强业主项目部标准化管理的通知》（基建计划〔2013〕58 号） 《国家电网公司业主项目部标准化管理办法》 《关于印发〈供应商不良行为处理实施细则〉的通知》（国家电网物资〔2011〕1594 号） 《关于供应商绩效评价工作的实施意见》（国家电网物资〔2011〕495 号）

附录A 名 词 术 语

1. 省级公司是指国家电网公司直属建设分公司及省、直辖市、自治区电力公司的简称。

2. 地市公司是地市级供电公司的简称，是指省级公司下属的地、市、州级供电公司。

3. 县级公司是县级供电公司的简称，是指地市公司下属的县、市级供电公司。

4. 建设管理单位是指受项目法人单位委托对电网项目进行建设管理的各级单位，具体为国网直流公司、国网交流公司、国网新源公司、省级公司、地市公司、县级公司。

5. 业主项目部是指承担电网项目建设现场管理任务的组织机构，代表项目法人（业主）单位对建设项目的安全、质量、造价、技术、进度、合同、建设协调等方面进行具体管理与协调工作。

6. 监理项目部是指监理单位派驻现场的监理机构，即监理规范中所称的项目监理机构，受建设单位委托，依据国家有关法律法规，履行工程监理服务工作。

7. 施工项目部是指施工单位（项目承包人、施工企业）派驻现场的项目管理机构，负责工程施工的组织及管理。

8. "两型一化"是"资源节约型、环境友好型和工业化"的简称。

9. "两型三新"是"资源节约型、环境友好型和新技术、新材料、新工艺"的简称。

10. "三通一标"是 "通用设计、通用设备、通用造价、标准工艺"的简称。

11. 标准工艺是对公司输变电工程质量管理、施工工艺和施工技术等方面成熟经验、有效措施的总结与提炼而形成的系列成果，具有技术先进、安全可靠、经济合理、便于推广等特点，是工程项目开展施工图工艺设计、施工工艺实施、施工方案制订等相关工作的重要依据。标准工艺由输变电工程"工艺设计标准图集"、"工艺标准库"、"典型施工方法"及其演示光盘等组成，代表公司当前输变电工程工艺管理的先进水平，由公司统一发布、推广应用。

12. 达标投产是在输变电工程建成投产后，在规定的考核期内，按照统一的标准，对投产的各项指标和建设过程中的工程安全、质量、工期、造价、综合管理等进行全面考核和评价的工作。

13. 工程概算是工程初步设计概算的简称，是初步设计文件的重要组成部分，是编制基本建设年度投资计划、施工图预算、工程结算和竣工决算的依据。

14. 批准概算是批复的工程概算的简称，是工程建设的投资限额，原则上不做调整。

15. 工程量管理是工程项目实施过程中，依据设计图纸、工程设计变更和经审核确认的工程联系单等，按照《电力建设工程工程量清单计价规范》的工程量计算规则，对施工工程量进行的计算、统计和审核等管理工作。

16. 工程结算是指依据合同约定对建设工程的立项、审批、实施、验收投运等工程建设全过程中的工程设计、施工、咨询、技术服务、设备材料供应、工程管理等建设费用结算的活动。

17. 设计变更是指工程初步设计审查确定后至工程竣工投产期间内，因设计或非设计原因引起的对设计文件的改变。设计文件包括初步设计文件和施工图设计文件。

18. 重大设计变更是指改变了初步设计审定的设计方案、主要设备选型、工程规模、建设标准等原则意见，或单项设计变更投资变化超过 50 万元的设计变更。

19. 一般设计变更是指除重大设计变更以外的变更。

20. 竣工决算是综合反映基本建设工程投资情况、工程概预算执行情况、建设成果和财务状况的总结性文件，是正确核定新增资产价值的重要依据。

21. 依托工程基建新技术研究项目是指解决工程建设过程中的技术难点，研究成果具有普及推广应用价值，依托输变电工程开展的专题研究项目。

22. 安全生产费用是指企业按照规定标准提取在成本中列支，专门用于完善和改进企业或者项目安全生产条件的资金。

附录 B　标准化管理模板

B.1　质量管理部分

ZL1：工程质量通病防治任务书

输电线路工程质量通病防治任务书

_____（监理、设计、施工单位）：

由你单位参建的_____工程，以下内容列入输电线路工程施工质量通病防治计划，具体项目如下：

1. 设计定位通病防治
2. 路径复测通病防治
3. 基础分坑、开挖通病防治
4. 基础位移、扭转防治
5. 混凝土质量通病防治
6. 接地沟埋设深度不够防治
7. 基面整理不规范防治
8. 铁塔构件变形、镀锌层磨损等通病防治
9. 螺栓匹配不统一防治
10. 螺栓紧固通病防治
11. 混凝土杆通病防治
12. 导线磨损防治
13. 子导线超差通病防治
14. 压接管弯曲防治
15. 附件安装通病防治
16. 线路防护通病防治

防治输电线路工程质量通病是有效提高输电线路工程质量、维护公众利益的重要举措，务求实效。请按照《国家电网公司输变电工程质量通病防治工作规定》的要求，认真履行各自的职责。施工单位按照上述项目编制《输电线路工程施工质量通病防治措施》，经项目总监理工程师审查合格后，于____年____月____日前报我单位批准。

建设管理单位（章）：
___年___月___日

建设单位代表		设计单位代表	
监理单位代表		施工单位代表	

说明：本任务书一式四份，业主项目部、监理、设计及施工各一份。

ZL2：质量检查问题整改通知单

工程名称			检查编号	
检查类型			检查日期	
问题编号	问题描述		整改责任单位	整改期限
1				
2				
3				
⋮				
检查组长				
检查成员				

说明：1. 本检查表由业主项目部质量专责填写，适用业主项目部各类质量检查。

2. 检查类型：选择填写"日检查、周检查、月度检查、随机抽查、专项检查、优质工程检查"等内容，没有的类型可不填写。

3. 若今后要求在基建管理信息系统中填报，则依据最新要求填报。

ZL3：质量检查问题整改反馈单

工程名称			整改单位		
按照业主项目部下发的质量检查问题整改通知单（编号：　　　）所提问题，我们认真进行了整改，整改情况如下：					
问题编号	问题描述	要求整改期限	整改结果	整改完成时间	责任人
1					

问题编号	问题描述	要求整改期限	整改结果	整改完成时间	责任人
2					
3					
⋮					
监理项目部复查意见：					
复查人（或委托人）签字				复查日期	
业主项目部复查意见：					
复查人（或委托人）签字				复查日期	

说明：1. 若需施工单位完成的整改问题，则监理项目部对其整改结果进行复核，复核通过后，业主项目部对复核结果进行二次复核。

2. 若需监理单位完成的整改问题，则通过业主项目部进行复核，监理项目部在"监理项目部复查意见"一栏可不填写。

3. 若今后要求在基建管理信息系统中填报，则依据最新要求填报。

B.2　造 价 管 理 部 分

ZJ1：工程量管理文件

内容详见《国家电网公司输变电工程工程量管理规定》附件"输变电工程工程量文件通用格式"。

ZJ2：工程设计变更审批单

内容详见《国家电网公司输变电工程设计变更管理办法》附表"工程设计变更审批单"。

ZJ3：竣工结算文件

内容详见《国家电网公司输变电工程结算通用格式》。

B.3 技术管理部分

JS1：技术标准问题及标准间差异汇总表

技术标准问题及标准间差异汇总表

工程名称：＿＿＿＿＿＿＿＿＿

序号	标准名称	条款	原文内容	问题及差异	建 议
1					
2					
3					
4					
5					
技术专责＿＿＿＿＿＿＿＿ 项目经理＿＿＿＿＿＿＿＿ 日　　期＿＿＿＿＿＿＿＿					

说明：由业主项目部编制，建设管理单位汇总后向省级公司报送。

B.4 评价机制部分

PJ1：业主项目部综合评价表

业主项目部综合评价表

序号	评价项目	分值	考核内容及评分标准	扣分	扣分原因
一	业主项目部标准化建设（10分）				
1	项目部组建	6	业主项目部组建符合公司规定的原则及标准，组建时间符合要求，项目管理人员以文件形式正式任命并按要求履行报备手续。管理人员任职资格符合规定，业主项目经理参加公司总部或省级公司组织的项目经理培训并考试合格。 （查任命文件及报备资料，培训证书、业主项目部组织机构管控表。无任命文件，扣2分；未按要求报备，扣1分；组建不及时，扣1分；任职资格不符合规定，每人扣1分；业主项目经理无培训证书，扣2分）		
2	项目部资源配置	4	应配备满足工程管理需要的办公设施、设备，以及必备的规程、规章制度等文件 （查办公设施。缺少一项扣0.2分）		

序号	评价项目	分值	考核内容及评分标准	扣分	扣分原因
二	重点工作开展情况（70分）				
1	项目管理策划	8	建设管理纲要、创优规划、安全文明施工总体策划、质量通病防治任务书等项目策划文件编制符合公司有关要求，科学合理、有针对性、符合工程实际，按要求履行编审批手续，发放及时到位等（3分） （查项目管理策划文件，发放记录等，每缺少一项扣2分；不规范，发放不及时、不到位，每项扣0.5分） 设计、施工、监理招标文件及合同内容符合国家及公司有关规定，满足项目管理策划相关要求；物资招标技术规范书满足通用设备"四统一"的要求（2分） （查招标文件及合同，内容不符合相关国家及公司有关规定，每处扣0.5分；与项目管理策划中的有关要求不一致或符合性较差，每处扣0.5分） 及时对监理规划、创优监理实施细则、项目设计计划、创优设计实施细则、项目管理实施规划（施工组织设计）、项目进度计划、安全文明施工实施细则、创优施工实施细则、强制性条文执行计划等报审资料进行审查，审查意见明确、准确，有针对性，符合实际，并及时反馈报审单位（3分） （查业主项目部对参建单位策划文件审批表。每缺少一项扣1分；不规范、审查意见不准确、表述模糊每项扣0.5分；反馈意见不及时，每项扣0.3分）		
2	标准化开工	4	开工前按要求核查项目核准及可研批复文件、相关支持性文件；初步设计及批复文件；建设用地规划许可证、建设用地批复、土地使用证；建设工程规划许可证；施工许可证；输变电工程质量监督申报书；设计、施工、监理中标通知书、合同文本等有关手续，落实标准化开工条件（3分） （查标准化开工审查管控记录表。未核查或核查内容不真实，每项扣1分） 按要求审批工程开工报审表（1分） （查开工报审表。未审批，扣1分；审批意见不明确或不准确，扣0.5分；审批不及时扣0.5分）		
3	设计管理	4	及时组织设计联络会，组织设计交底和施工图会检，签发会议纪要并监督纪要的闭环落实 （查设计联络会纪要、设计交底纪要、施工图会检纪要、纪要发放记录、相关管控记录表。未组织，每项扣2分；组织不及时，每次扣1分；会议议定事项落实不到位，每项扣1分；纪要发放记录不全，不及时，每项扣0.5分）		
4	工程协调与监督检查	15	定期召开工程例会，检查上次会议工作部署落实情况，对工作完成情况进行总结通报，布置下阶段主要工作（3分） （查工程例会记录、会议纪要，管控记录表。未组织，每项扣2分；组织不及时，每次扣1分；会议议定事项落实不到位，每项扣1分；发放记录不全，发放不及时，每项扣0.5分） 跟踪设备、材料供货情况，到场验收、开箱检查（3分） （查项目物资供货协调表、到场验收交接记录、开箱检查记录、专题会议纪要等。应开展而未开展，每次扣1分；开展不及时，每次扣0.5分；相关记录不全，每项扣0.5分）		

序号	评价项目	分值	考核内容及评分标准	扣分	扣分原因
4	工程协调与监督检查	15	落实公司基建各专业管理的相关规定及要求，掌控工程现场安全、质量、进度、造价、技术等管理制度标准和工作计划落实情况，审批监理、施工项目报审的有关文件，按要求组织开展现场安全、质量等监督检查并监督整改闭环（6分） （查安全、质量等过程管理往来文件及相关审批意见，相关监督检查、核查记录等。应开展而未开展，每项扣2分；开展不及时，每次扣1分；报审文件审批不及时，每项扣0.5分；审批意见不准确、不规范，每处扣0.5分；检查记录不全，每项扣0.5分；检查问题未整改闭环，每项扣1分）		
			及时协调工程建设过程中出现的有关问题，采取有效管理措施，确保工程按计划顺利实施（3分） （查相关专题会议纪要。应开展而未开展，每次扣2分；开展不及时，每次扣1分；会议议定事项落实不到位，每项扣1分；发放记录不全，发放不及时，每项扣0.5分）		
5	工程设计变更管理	4	严格执行工程变更（签证）管理制度，及时组织审核确认工程设计变更（签证）中的技术及费用等内容，履行工程变更（签证）审批相关手续 （查工程设计变更审批单。未按规定履行审批手续，每项扣2分；审批程序不规范，每项扣1分；审查意见不规范、不准确，每次扣0.5分）		
6	进度款审核	2	根据工程进度，按照合同条款审核确认工程进度款、工程其他费用支付申请并上报 （查工程预付款报审表、工程进度款审核表。审核不规范，每次扣1分）		
7	工程验收及质量监督	8	参与或受建设管理单位（部门）委托组织工程中间验收，参与竣工预验收、启动竣工验收等工作（6分） （查验收过程资料，验收管控记录表等。未按要求组织或参加，每项扣2分；检查问题未整改闭环，每项扣1分）		
			组织做好工程质量监督配合工作，监督落实整改意见（2分） （查相关过程文件及资料。组织不及时，每次扣1分；整改意见未落实或落实不及时、不到位，每项扣1分）		
8	信息与资料管理	12	应用基建管理信息系统信息化手段，规范项目建设过程管理，推动监理、施工项目部落实信息化应用工作要求，确保系统数据录入及时、准确、完整（3分） （查相关项目部基建信息管理系统。数据录入不及时、不准确、不完整，每项扣1分）		
			及时组织宣贯上级文件，来往文件记录清晰（3分） （查文件及收发文记录。每缺少一个文件，扣1.5分；不规范，每个扣1分）		
			及时完成资料收集，组织档案移交（5分） （查档案资料移交记录。未及时组织移交，扣5分；移交资料不全，每缺一项，扣0.5分）		
			对工程建设管理工作进行系统总结，按照相关要求和格式进行编写并上报（1分） （查项目建设管理总结。未编写，扣1分；编写不规范，扣0.5分）		
9	参建单位评价	5	依据相关制度、合同等对项目设计、施工、监理单位开展履约评价，对物资供应商提出评价建议 （查相关评价报告或记录表。未进行，每项扣2分；不规范或不准确，每项扣1分）		

续表

序号	评价项目	分值	考核内容及评分标准	扣分	扣分原因
10	管控记录表执行	8	履行管理职责，按要求填写管控记录表 （查管控记录表填写的及时性、完整性、准确性、真实性。每缺少一项扣 1 分；不规范，每项扣 0.5 分）		
三	工作成效（20 分）				
1	进度管理	5	按里程碑进度计划开工、投产得满分。开工每延迟 1 个月，扣 0.5 分；投产每延迟 1 个月，扣 1 分		
2	安全管理	5	实现《国家电网公司安全管理规定》所规定的工程项目安全目标，得满分，否则得 0 分		
3	质量管理	5	实现《国家电网公司质量管理规定》所规定的工程项目质量目标，得满分，否则得 0 分		
4	造价管理	5	工程超概算，得 0 分；工程投资结余不符合国家电网公司要求，扣 3 分；未按时完成结算，扣 2 分		
得分率			检查表中所有检查项目分值之和为总分（不包含未涉及检查内容的分值），得分/总分×100%=得分率		

专家签名：_____ 　　　　　　_____年_____月_____日

PJ2：监理项目部综合评价表

监理项目部综合评价表

检查内容	检查标准	扣分	扣分原因
项目部组建及资源配置（15 分）	（1）监理项目部组建符合公司监理项目部标准化管理要求，管理责任明确到人，管理人员具备任职资格持证上岗（查总监任命书及监理人员资格）（10 分） （2）配备必要的电脑、检测工具等设施，规程、制度齐全有效（查监理设施）（3 分） （3）参加各级基建部门或监理公司对监理项目部管理人员培训和考试（查培训证或培训记录）（2 分）		
项目管理（20 分）	（1）按照业主项目部管理策划文件编制工程监理规划及专业监理实施细则等策划文件；文件编制有针对性、符合工程实际（查工程监理规划、专业监理实施细则等）（3 分） （2）审查施工项目部编制的项目管理实施规划、强制性条文实施计划等策划文件，并监督检查其实施情况（查监理项目部对施工单位策划文件审查及检查记录）（4 分） （3）审批施工进度计划，并实施动态管理，对执行情况进行分析和纠偏，监督合理工期落实情况。需调整施工进度的项目，督促施工项目部提交调整进度的申请，并报业主项目部审批（查记录）（3 分） （4）协助业主监督合同条款执行，对合同的执行进行过程管理，及时协调合同执行过程中的各种问题（查会议纪要及各种记录）（3 分） （5）组织工地例会、形成会议纪要并实施闭环管理（查会议纪要）（2 分） （6）编制《监理月报》，及时收集监理档案文件资料（包括影像资料），并进行分类整理、组卷、录入，工程投运后及时移交（查监理月报和文件档案资料）（3 分） （7）基建管理信息系统数据录入及时、准确、完整（查基建管理信息系统数据）（2 分）		
安全管理（25 分）	（1）编制安全监理工作方案（查方案）（2 分） （2）审查施工项目部报审的《安全文明施工实施细则》、《特殊（专项）施工技术（措施）方案》等策划文件和特殊工种、特殊作业人员的资质证明文件（查报审表）（4 分） （3）审查分包商资质、安全协议及人员资格，督查施工项目部对分包商人员的教育培训和考试（查报审表和记录）（2 分）		

检查内容	检 查 标 准	扣分	扣分原因
安全管理（25分）	（4）适时开展监理安全随机检查，重点督查施工项目部的安全措施或专项施工方案、《安全文明施工实施细则》的落实，督查施工项目部开展"六化"工作，对存在的问题监督闭环整改（查记录）（6分） （5）参加安委会活动、定期和专项安全检查及流动红旗竞赛，对存在的问题监督闭环整改（查记录）（4分） （6）依据《安全监理工作方案》，对施工安全的重要及危险作业工序和部位进行安全旁站监理，重要施工设施投入使用前和重大工序转接前的安全检查签证，及时实施不同施工阶段监理项目部安全危险源辨识与预控措施（查记录）（5分） （7）参加安全事故调查（查安全事故调查记录）（2分）		
质量管理（25分）	（1）依据业主项目部下发的工程建设创优规划，编制项目创优监理实施细则、质量通病控制措施并组织实施（查方案、记录）（3分） （2）审查施工创优实施细则、质量通病防治措施、《施工质量验收及评定范围项目划分报审表》，跟踪检查其实施情况（查报审表、记录）（5分） （3）审查施工项目部选择的供应商的资质、原材料及半成品检验、进行见证取样送检、组织设备开箱检验（查报审表、记录）。（4分） （4）开展现场施工质量随机检查，落实标准化施工要求，对施工过程中出现的质量缺陷，应及时下达《监理工作联系单》或《监理工程师通知单》要求责任单位限期整改，完成整改后监理项目部复检（查记录）（3分） （5）运用见证、旁站、巡视、平行检验等质量控制手段，对工程施工质量进行检查、控制（查记录、数码照片）（4分） （6）组织监理初检、参加竣工预验收和竣工验收，督促缺陷闭环整改（查记录）（4分） （7）发生质量事故（事件）及时报送信息和应急处理，参加有关部门组织的质量事故（事件）调查，提出监理处理建议，并监督事故（事件）处理方案的实施（查事故事件报告和记录）（2分）		
造价与技术管理（20分）	（1）审核资金使用计划、造价基础资料和进度款支付申请（查资料、报审表）（5分） （2）进行设计变更现场计量，核查变更费用，审核施工单位上报的竣工结算书（查记录）（3分） （3）及时收集、整理工程费用索赔相关基础资料并签署费用索赔意见（查记录）（2分） （4）审查施工方案并督促施工项目部技术交底（查报审表及相关记录）（3分） （5）进行施工图预检；参加施工图会检及设计交底，并跟踪落实（查记录）（4分） （6）审核设计变更并监督实施（查设计变更单和设计变更执行报验单）（3分）		
得分率	检查表中所有检查项目分值之和为总分（不包含未涉及检查内容的分值），得分/总分×100%=得分率		

专家签名：_____　　　　　　　　　　　　　　　_____年_____月_____日

PJ3：施工项目部综合评价表

施工项目部综合评价表

考核内容	评 分 标 准	扣分	扣分原因
项目部组建及管理人员履职（20分）	（1）项目部组建符合公司施工项目部标准化管理要求，管理责任明确到人，管理人员具备任职资格（查项目经理及其他管理人员资格证复印件）（9分） （2）项目部建设符合公司相关要求，项目部管理制度和办公设施的配备满足规定（查项目部设置的符合性，项目部标识、标志是否符合规定要求，施工区、生活区是否分开，查项目部制度清单）（7分） （3）按规定对施工人员进行相关培训（查岗前培训和专项培训资料）（4分）		

续表

考核内容	评　分　标　准	扣分	扣分原因
项目管理 （20分）	（1）按照业主项目部策划文件编制《项目管理实施规划》、《强制性条文实施计划》等策划文件；文件编制有针对性、符合工程实际，及时报审（查策划文件及其报审资料）（3分） （2）落实合理工期要求，编制施工进度计划，每月总结计划执行情况，及时调整和纠偏，编报施工月报（查施工进度报审表、施工进度调整计划报审表、变更工期报审表）（4分） （3）编制工程设备和材料需求计划、施工机具需求计划（查相关计划、设备材料进场记录）（2分） （4）项目经理（项目总工）定期召开工程会议，接受工程项目交底和前期承包合同（输电专业）交底（查会议记录、交底记录、合同台账）（3分） （5）及时协调解决合同执行中的各种问题，配合做好开工协调和房屋拆迁、青苗赔偿、塔基占地、树木砍伐、水保施工备案工作（输电专业），配合业主协调解决影响工程施工的相关问题（查相关备案资料）（5分） （6）编报停电申请联系单，参加竣工验收，启动移交验收，及时收集档案文件（包括影像资料），并进行分类整理、组卷，做好基建管理信息系统信息录入工作（查文件档案资料和信息系统）（3分）		
安全管理 （20分）	（1）安全管理机构健全，各项管理制度齐备，确保各项制度落实；按要求参加安委会活动并组织召开安全例会，对存在问题闭环整改（查制度、会议纪要及相关记录）（3分） （2）编制《输变电工程施工安全管理及风险控制方案》等安全文件，按要求报审施工管理和特殊工种作业人员资格、主要施工机械/工器具/安全用具进场/出场情况（查相关安全文件、特种作业人员台账和相关报审表）（3分） （3）安全风险控制到位，安全技术交底工作规范，危险点辨识准确、预控措施有效，有大型机械进场台账，并能定期检查，应急管理工作规范措施有效（查措施、应急演练和安全交底记录）（3分） （4）现场安全文明施工管理工作规范，积极开展"六化"工作，并按要求拍摄相关数码照片和影像资料（查记录和资料）（2分） （5）进行现场安全检查和安全大检查，开展安全性评价工作，配合各级现场安全检查工作，闭环整改查出的问题（查有关记录、评价报告）（3分） （6）分包合同符合公司相关规定，与分包单位签订了安全协议，对分包方人员实施全方位管理（查协议和管理资料）（4分） （7）不发生人身及设备责任事故（事件），事故调查（事件）与处理符合"四不放过"要求（查事故报告）（2分）		
质量管理 （20分）	（1）编制工程创优施工实施细则、输变电工程施工质量通病防治措施等策划文件，施工质量验收及评定范围的划分符合规范要求并与工程实际相符（查文件报审资料）（3分） （2）建立计量器具、检测设备台账，按规定进行材料设备进场检验、报验和材料取样送样复验及实验室资质报审，进行设备材料的到场登记，建立主要材料跟踪记录（查相关报审资料，查计量器具台账，查材料见证取样实验报告，查原材料出厂合格证、试验报告及现场开箱检验记录）（3分） （3）特种作业人员持证上岗，基础试块、导地线、受拉金具取样送检（输电专业）；试块、防水材料、取样送检符合规定要求（查人员上岗证件和相关取样送检试验报告）（2分） （4）三级质量检查和强条执行情况检查记录符合规定，配合中间验收和质量监督检查，闭环整改存在的问题（查检验和强条执行记录及问题整改记录）（3分） （5）按要求应用标准工艺，满足验收规范要求（查工程实体）（2分） （6）做好竣工自查，编制工程竣工报告，配合工程竣工验收检查（查工程初验申请单，查迎检汇报材料和闭环整改资料）（5分） （7）未发生一般质量事故，如发生及时填报事故报表（查工程安全/质量事故报告及有关报验表）（2分）		
造价与技术管理 （20分）	（1）编制资金使用计划，根据实际及时调整，按要求编制工程预付款和进度款报审表（查计划和报审表）（3分） （2）设计变更手续规范，设计变更执行完毕应报验。根据设计变更通知单，核对费用变动预算，编制并报送设计变更单汇总表，按规定办理费用调整申请（查报验单、设计变更单及汇总表、索赔申请表）（3分）		

续表

考核内容	评 分 标 准	扣分	扣分原因
造价与技术管理（20分）	（3）编制竣工结算工程量确认书，配合完成合同的阶段性结算工作，收集工程造价分析基础资料（查工程竣工结算工程量确认书）（3分） （4）按照公司施工装备管理要求，开展工程施工装备应用策划，并纳入《项目管理实施规划》，提高施工机械化水平。结合施工装备制定有针对性的施工技术方案，并在工程中实施（3分） （5）建立技术标准清单，收集标准差异，现场技术标准齐全，施工图发放做登记（查技术标准清单及标准的有效性，查施工图及其变更发放登记）（3分） （6）进行施工图预审，技术方案审批、交底工作符合要求（查记录）（3分） （7）不使用明令禁止和限制使用的建筑材料及施工工艺（查工程实体）（2分）		
得分率	检查表中所有检查项目分值之和为总分（不包含未涉及检查内容的分值），得分/总分×100% = 得分率		

专家签名：_____   _____年_____月_____日

PJ5：线路工程设计质量评价表

线路工程设计质量评价表

填报时间			
输变电工程名称			
单项工程名称			
业主单位			
设计单位名称		设计单位编号	
初步设计评审单位		主评人	
初步设计评审时间			
建设管理单位		项目经理	
竣工投产时间			

序号	评价项目	分值	评分标准	扣分	扣分原因
一	初步设计	100			
1	政策、法规、规程、标准等执行情况	3	有缺失项不得分		
2	核准文件（可研评审意见）执行情况；主要依据性文件齐全、有效	4	缺失1项扣1分		
3	设计进度	3	初步设计文件（包括电子化评审相关资料）在评审会议召开7日前送达评审单位的得满分3分；每迟一天扣0.5分		
4	线路通用设计	35	包括杆塔通用设计和金具通用设计。特殊类型工程无相应通用设计时，由评审单位打分*		

序号	评价项目	分值	评分标准	扣分	扣分原因
（1）	杆塔通用设计应用	28	积极应用通用设计，应用率80%得17分，每降低1%，扣1.7分；每提高1%，得0.8分		
（2）	金具通用设计应用	7	积极应用通用设计，应用率100%得7分，每降低1%，扣0.4分		
5	通用造价对比分析	15	根据分析详细合理性评分，0～15分		
6	概算控制	5	初步设计规模与可行性研究一致、或设计方案发生无重大变化，概算造价控制在可研（核准）投资估算内得满分5分，否则每超过一个百分点扣0.5分		
7	新技术应用	15	按新技术应用得分乘以10计		
8	初步设计文件深度		采用扣分制		
（1）	说明选用的通用设计方案，以及未采用时的理由，如工程运行环境、气象条件特殊等，并描述特殊设计方案	16	不满足深度规定要求每项扣2分		
（2）	系统方案概述清晰、必要时附图说明		不满足深度规定要求每项扣2分		
（3）	重要技术方案进行多方案比选		不满足深度规定要求每项扣2分		
（4）	重要走廊通道清理及协议办理情况说明		不满足深度规定要求每项扣2分		
（5）	主要气象条件的选择合理，有统计资料支撑		不满足深度规定要求每项扣2分		
（6）	导线、地线选型合理		不满足深度规定要求每项扣2分		
（7）	绝缘配置方案合理		不满足深度规定要求每项扣2分		
（8）	直线塔及耐张转角塔系列规划合理		不满足深度规定要求每项扣2分		
（9）	全线杆塔结构的选用原则合理，需做试验的杆塔，提出立项报告	16	不满足深度规定要求每项扣2分		
（10）	提出全线杆塔汇总表		不满足深度规定要求每项扣2分		
（11）	因地制宜，选择基础型式，提出基础汇总表		不满足深度规定要求每项扣2分		
（12）	其他		不满足初步设计深度规定中的其他要求，每项扣2分，应说明扣分原因		
9	技术问题沟通汇报执行情况	4	对照"技术问题沟通汇报清单"，无技术问题或遇有技术问题经专项报批取得公司批复意见，得4分；遇有技术问题未执行报批程序而自行实施，不得分		

续表

序号	评价项目	分值	评分标准	扣分	扣分原因
二	施工图设计	100			
1	政策、法规、规程、标准等执行情况	8	有缺失项不得分		
2	初步设计批复文件执行情况；主要依据性文件齐全、有效	8	每缺失1项扣2分		
3	设计进度	8	施工图提交进度满足工程建设节点或预设的供图计划得满分8分；设计单位原因导致土建不能按期开工的扣2分；设计单位原因导致安装不能按期开工的扣2分；设计单位原因导致不能按期投产的扣2分		
4	标准施工工艺要求	8	无合理原因采用非企标工艺，每项扣3分		
5	施工图预算控制	8	新建工程设计预算造价控制在批准概算内的得满分8分，否则每超过一个百分点扣0.8分。施工图交付1个月内，未提供施工图预算的扣2分		
6	设计文件深度		采用扣分制		
（1）	对于重要交叉跨越物，应在平断面定位图中表示实际悬点高的最大弧垂线并标注相应气象条件		不满足深度规定要求每项扣4分		
（2）	平断面图中注明需要的拆迁、改造的电力线、通信线、渠道等		不满足深度规定要求每项扣4分		
（3）	杆塔明细表中应进行详细说明工程概况、塔型及数量、横担布置、接地装置敷设、绝缘子及金具串使用情况、防振措施、交叉跨越情况、施工运行注意事项等		不满足深度规定要求每项扣4分		
（4）	应根据需要进行以下计算：导、地线力学特性和架线曲线（表）计算、孤立档和进线档架线表计算、连续倾斜档线夹安装位置调整计算、双挂点	60	不满足深度规定要求每项扣4分		
	耐张串长度调整计算、跳线计算、防振锤安装距离计算、耐张绝缘子串倒挂计算、间隔棒安装距离计算等		不满足深度规定要求每项扣4分		
（5）	材料汇总表中列出材料类别、钢号、规格、数量，在总图中应标注脚钉安装的位置及转角塔的转角方向		不满足深度规定要求每项扣4分		
（6）	基础施工图中表示基础尺寸、工程量		不满足深度规定要求每项扣4分		
（7）	其他		不满足施工图设计深度规定中的其他要求，每项扣4分，应说明扣分原因		

续表

序号	评价项目	分值	评分标准	扣分	扣分原因
三	现场服务	100			
1	施工图交底	15	未按要求进行不得分		
2	工地服务（包括施工、调试、验收等各环节）	75	未按要求派工代扣 20 分		
			未及时处理工地技术问题每次扣 10 分		
3	配合核实结算工程量	10	每发生 1 次错误扣 1 分		
四	设计变更（设计原因引起）	100			
1	重大设计变更	50	每发生 1 项扣 15 分		
2	一般设计变更	50	总费用每超投资总额 0.01%，扣 5 分		
五	竣工图设计	100			
1	满足达标投产要求	50	验收报告中设计因素每项扣 20 分		
2	竣工图范围、深度	50	每错漏 1 项扣 20 分		
工程设计质量评价得分=初步设计×65%+施工图设计×20+现场服务×5%+设计变更×5%+竣工图设计×5%=____（分）					

* 由于特殊情况（如电缆线路等）暂无相应通用设计时，"设计方案与技术经济水平"代替"通用设计应用率"评分，由初步设计评审单位参照以往同类工程，对各主要专业设计方案及各项技术经济指标进行评价，并提出评分构成及主要评价依据。

PJ6：供应商违约情况表

供 应 商 违 约 情 况 表

填写单位：_____   ___年___月___日

供应商名称	产品类型	简要说明供应商存在的问题	对供应商的处理意见或建议

联系人：_____   电话：_____

注 本表中填写的供应商违约情况包括但不限于到货滞后、售后服务不到位、质量问题等违约情况。

附录C 管控记录表模板

C.1 业主项目部标准化管理管控记录表

GK1：业主项目部组织机构一览表

业主项目部组织机构一览表

工程名称： 编号：GK1-01

业主项目部名称				
业主项目经理	姓名		单位及职称	
	培训经历	于____年____月参加_____组织的业主项目经理培训		
	任职情况	前期曾担任过±1100kV____个、±800kV____个、500kV以上____个、220kV____个、110（66）kV____个工程业主项目经理。		
建设协调专责	姓名		单位及职称	
安全管理专责	姓名		单位及职称	
质量管理专责	姓名		单位及职称	
技术管理专责	姓名		单位及职称	
造价管理专责	姓名		单位及职称	
物资协调联系人	姓名		单位及职务	
属地协调联系人	姓名		单位及职务	
⋮	⋮		⋮	
关于项目部成员的其他说明（包括人员变动等）：				

注 本表填写业主项目部人员组成信息，在业主项目部发文成立一周内由业主项目经理负责填写。有人员变动时，在"关于项目部成员的其他说明"一栏中加以说明。

GK4：项目管理策划文件（安全管理总体策划）管控记录表

项目管理策划文件（安全管理总体策划）管控记录表

工程名称：　　　　　　　　　　　　　　　　　　　　　　　　　　　　编号：GK4-01

文件名称	安全管理总体策划			
编制依据	《国家电网公司基建安全管理规定》、《国家电网公司输变电工程施工安全风险识别评估及预控措施管理办法》、《国家电网公司输变电工程安全文明施工标准化管理办法》、《国家电网公司输变电工程施工分包管理办法》、《国家电网公司关于进一步提高工程建设安全质量和工艺水平的决定》、《国家电网公司业主项目部标准化管理手册》，其他相关规程规范及经批准的设计文件等			
编制要求	安全管理总体策划是监理、施工等单位编制安全文明施工文件的重要依据。总体策划应明确本工程安全管理目标和各参建单位安全职责，规范各参建单位安全和文明施工管理，提高安全管理水平，实现输变电工程安全文明施工标准化。总体策划要求内容全面，要素齐全，数据翔实，具有指导性、针对性、可操作性			
编写		编写日期		
审核		审核日期		
批准	本文件于＿＿年＿＿月＿＿日由　（本处填建设管理单位）　（本处填审批人及职务）　审批执行			
发放记录	接收部门/单位	接收人	发放人	日期
	⋮			
其他说明（如进行改版等信息）：				

注　本表由安全管理专责、业主项目经理在完成编写、审核、发放等环节时分别填写。策划文件如有改版，将改版相关信息在"其他说明"一栏中加以说明，并重新填写本表，编号顺延。

GK13：项目管理策划文件审查（质量验收及评定范围划分）管控记录表

项目管理策划文件审查（质量验收及评定范围划分）管控记录表

工程名称：
编号：GK13-01

文件名称	＿＿＿＿＿＿＿＿质量验收及评定范围划分表
接收时间	于＿＿年＿＿月＿＿日接到＿＿＿＿＿＿＿＿＿施工项目部的报审文件。 接收人：＿＿＿＿＿＿＿＿＿
审核依据	《±800kV架空送电线路工程施工质量检验及评定规程》《电气装置安装工程质量检验及评定规程》（电气工程）、《±800kV架空送电线路工程施工质量验收及评定规程》（线路工程），本工程施工合同，其他相关规程规范及经批准的设计文件等
审核意见	 质量管理专责：＿＿＿＿＿＿＿；日期：＿＿＿＿＿＿ 技术管理专责：＿＿＿＿＿＿＿；日期：＿＿＿＿＿＿
批准	业主项目经理：＿＿＿＿＿＿＿；日期：＿＿＿＿＿＿

注　本表由质量管理专责、技术管理专责、业主项目经理在收到文件、出具审核意见及批准时分别填写，在接到报审文件两周内完成。报审文件如有改版，需重新填写本表，编号顺延。

GK18：施工图会检管控记录表

施工图会检管控记录表

工程名称：　　　　　　　　　　　　　　　　　　　　　　　　　　　　　　　编号：GK18-01

会议名称	_____施工图会检会			
会议日期及地点	会议日期：_____　　会议地点：_____			
参会单位				
会议确定主要事项				
会议纪要情况	起草：_____　　日期：_____ 本纪要于___年___月___日经_____签发			
纪要发放记录	接收部门（单位）	接收人	发放人	日期
	⋮			
会议事项落实情况				
	技术管理专责：_____；日期：_____ 质量管理专责：_____；日期：_____ 业主项目经理：_____；日期：_____			

注　本表由技术管理专责在施工图会检会后根据会议情况，在完成会议纪要编写、签发、发放等工作时即时填写，技术管理专责、质量管理专责、业主项目经理共同对会议落实事项进行监督落实，按规定期限完成。每次会议单独填写本表，编号顺延。

GK19：设计交底管控记录表

设计交底管控记录表

工程名称：   编号：GK19–01

会议名称	＿＿＿＿＿＿＿＿＿设计交底会			
会议日期及地点	会议日期：＿＿＿＿＿＿＿＿　会议地点：＿＿＿＿＿＿＿＿			
参会单位				
交底主要内容				
会议纪要情况	起草：＿＿＿＿＿＿＿＿　日期：＿＿＿＿＿＿＿＿ 本纪要于＿＿＿年＿＿＿月＿＿＿日经＿＿＿＿＿签发			
纪要发放记录	接收部门（单位）	接收人	发放人	日期
	⋮			

注　本表由技术管理专责在设计交底后根据会议情况，在完成会议纪要编写、签发、发放等工作时即时填写。每次会议单独填写本表，编号顺延。

GK31：施工合同执行管控记录表

施工合同执行管控记录表

工程名称：　　　　　　　　　　　　　　　　　　　　　　　　　　编号：GK31-01

合同名称	
执行中的问题及协调情况	业主项目经理：＿＿＿＿＿＿＿＿；日期：＿＿＿＿＿＿＿
执行中的问题及协调情况	业主项目经理：＿＿＿＿＿＿＿＿；日期：＿＿＿＿＿＿＿
执行中的问题及协调情况	业主项目经理：＿＿＿＿＿＿＿＿；日期：＿＿＿＿＿＿＿
执行中的问题及协调情况	业主项目经理：＿＿＿＿＿＿＿＿；日期：＿＿＿＿＿＿＿

注　本表由业主项目经理组织相关专责对合同执行中发生的问题逐项即时填写。

GK32：监理合同执行管控记录表

监理合同执行管控记录表

工程名称：   编号：GK32–01

合同名称	
执行中的问题及协调情况	业主项目经理：＿＿＿＿＿＿＿＿；日期：＿＿＿＿＿＿＿＿
执行中的问题及协调情况	业主项目经理：＿＿＿＿＿＿＿＿；日期：＿＿＿＿＿＿＿＿
执行中的问题及协调情况	业主项目经理：＿＿＿＿＿＿＿＿；日期：＿＿＿＿＿＿＿＿
执行中的问题及协调情况	业主项目经理：＿＿＿＿＿＿＿＿；日期：＿＿＿＿＿＿＿＿

注 本表由业主项目经理组织相关专责对合同执行中发生的问题逐项即时填写。

GK34：设计变更（签证）管控记录表

设计变更（签证）管控记录表

工程名称：　　　　　　　　　　　　　　　　　　　　　　　　编号：GK34-01

设计变更（签证）记录	接到变更（签证）单日期	提出单位	变更（签证）原因说明	涉及费用（元）	监理审核人	设计审核人
	变更（签证）技术内容确认情况： 技术管理专责：＿＿＿＿＿＿＿；日期：＿＿＿＿＿＿＿ 造价管理专责：＿＿＿＿＿＿＿；日期：＿＿＿＿＿＿＿ 业主项目经理：＿＿＿＿＿＿＿；日期：＿＿＿＿＿＿＿					
设计变更（签证）记录	接到变更（签证）单日期	提出单位	变更（签证）原因说明	涉及费用（元）	监理审核人	设计审核人
	变更（签证）技术内容确认情况： 技术管理专责：＿＿＿＿＿＿＿；日期：＿＿＿＿＿＿＿ 造价管理专责：＿＿＿＿＿＿＿；日期：＿＿＿＿＿＿＿ 业主项目经理：＿＿＿＿＿＿＿；日期：＿＿＿＿＿＿＿					
设计变更（签证）记录	接到变更（签证）单日期	提出单位	变更（签证）原因说明	涉及费用（元）	监理审核人	设计审核人
	变更（签证）技术内容确认情况： 技术管理专责：＿＿＿＿＿＿＿；日期：＿＿＿＿＿＿＿ 造价管理专责：＿＿＿＿＿＿＿；日期：＿＿＿＿＿＿＿ 业主项目经理：＿＿＿＿＿＿＿；日期：＿＿＿＿＿＿＿					

注　本表由技术管理专责、造价管理专责、业主项目经理在变更（签证）发生后一周内完成填写。

GK39：启动验收管控记录表

启动验收管控记录表

工程名称：   编号：GK39-01

工作依据	《110kV 及以上送变电工程启动及竣工验收规程》《±800kV 架空送电线路工程施工质量验收及评定规程》《电气装置安装工程质量检验及评定规程》（电气工程）、《±800kV 架空送电线路工程施工质量检验及评定规程》《国家电网公司基建质量管理规定》《国家电网公司输变电工程验收管理办法》，经批准的设计文件、施工验收规范及质量评定规程等
参加单位	
参与启动验收	___年___月___日~___年___月___日，参加启动验收工作。参加人：_____
缺陷整改闭环情况	质量管理专责：_____；日期：_____ 建设协调专责：_____；日期：_____ 技术管理专责：_____；日期：_____ 业主项目经理：_____；日期：_____

注　本表由相关管理专责及业主项目经理根据工作开展情况即时填写。

GK40：设计单位履约评价管控记录表

设计单位履约评价管控记录表

工程名称： 编号：GK40-01

设计标段		设计单位		设计项目经理	
总体评价意见					
	业主项目经理： ； 日期：				

注 本表是由业主项目经理组织相关管理专责对设计单位合同要约执行以及履约情况进行的总体评价，在工程建成投运
后一个月内完成填写。对每个设计单位单独填写本表，编号顺延。

GK41：施工单位履约评价管控记录表

施工单位履约评价管控记录表

工程名称：   编号：GK41-01

施工标段		施工单位		项目经理	
总体评价意见					

业主项目经理：＿＿＿＿＿＿＿＿；日期：＿＿＿＿＿＿＿＿

注　本表是由业主项目经理组织相关管理专责对施工单位合同要约执行以及履约情况进行的总体评价，在工程建成投运后一个月内完成填写。对每个施工单位单独填写本表，编号顺延。

GK42：监理单位履约评价管控记录表

监理单位履约评价管控记录表

工程名称：　　　　　　　　　　　　　　　　　　　　　　　　　　编号：GK42–01

监理标段		监理单位		总监理工程师	
总体评价意见					
	业主项目经理：　　　　　　　　；日期：				

注　本表是由业主项目经理组织相关管理专责对监理单位合同要约执行以及履约情况进行的总体评价，在工程建成投运后一个月内完成填写。对每个监理单位单独填写本表，编号顺延。

附录 D　特高压直流工程施工图纸审查要点

D.1　总　　则

施工图纸是施工和验收的主要依据之一。为充分领会设计意图、熟悉设计内容,切实解决施工图中的差错和不合理部分,确保施工技术的准确输入、监理旁站监督和工程质量,必须在开工前进行图纸审查。

D.2　制度（依据文件）

GB 50212—2014　《建筑防腐蚀工程施工及验收规范》;
GB 50496—2009　《大体积混凝土施工验收规范》;
GB/T 14902—2012　《预拌混凝土》;
JGJ 18—2012　《钢筋焊接及验收规程》;
JGJ 107—2010　《钢筋机械连接技术规程》;
GB 50212—2014　《建筑防腐蚀工程施工及验收规范》;
DL/T 5234—2010　《±800kV 及以下直流输电工程启动及竣工验收规程》;
DL/T 5235—2010　《±800kV 及以下直流架空输电线路工程施工及验收规程》;
DL/T 5236—2010　《±800kV 及以下直流架空输电线路工程施工质量检验及评定规程》;
GB 50169—2006　《电气装置安装工程接地装置施工及验收规范》;
Q/GDW 1225—2015　《±800kV 架空送电线路施工及验收规范》;
Q/GDW 1226—2015　《±800kV 架空送电线路施工质量检验及评定规程》;
Q/GDW 248—2016　《输变电工程建设标准强制性条文实施管理规程》;
《工程建设标准强制性条文（电力工程）》（2016 年版）;
《国家电网公司输变电工程优质工程评定管理办法》〔国网（基建/3）182—2015〕;
《关于应用《国家电网公司输变电工程典型施工方法》的通知》（基建质量〔2011〕78 号）;
《国家电网公司输变电工程施工安全风险识别、评估及预控措施管理办法》〔国网（基建/3）176—2015〕;
《国家电网公司电力安全工作规程　电网建设部分（试行）》（2016 年版）;
《国家电网公司基建技术管理规定》〔国网（基建/2）174—2015〕;
《电力建设工程施工技术管理导则》（国家电网工〔2003〕153 号）;
《国家电网公司基建安全管理规定》〔国网（基建/2）173—2015〕;
《国家电网公司输变电工程标准工艺管理办法》〔国网（基建/3）186—2015〕;
关于印发《国家电网公司输变电工程质量通病防治工作要求及技术措施》的通知（基建质量〔2010〕19 号）;
××-××±×××kV 特高压直流电输电线路工程（××标段）设计施工图纸;
××-××±×××kV 特高压直流电输电线路工程《建设管理纲要》《建设创优规划》

和《标准工艺管理策划方案》。

D.3　职　　责

工程开工前，及时督促监理、施工、物资、运行等单位开展基础施工图内审，各单位内审发现的问题或疑问由监理汇总并反馈设计，同时组织开展施工图会检，听取各单位施工图审查情况汇报，并就相关问题予以澄清和答疑，明确施工工艺标准和要求，签发施工图会检会议纪要，填写施工图会检管控记录表。

D.4　流　　程

包含从施工图交付、施工图预审、预审意见汇总、问题澄清和答疑准备、组织参建单位施工图会审、下发图纸审查纪要、图纸会审结束等环节。具体流程见图 D–1。

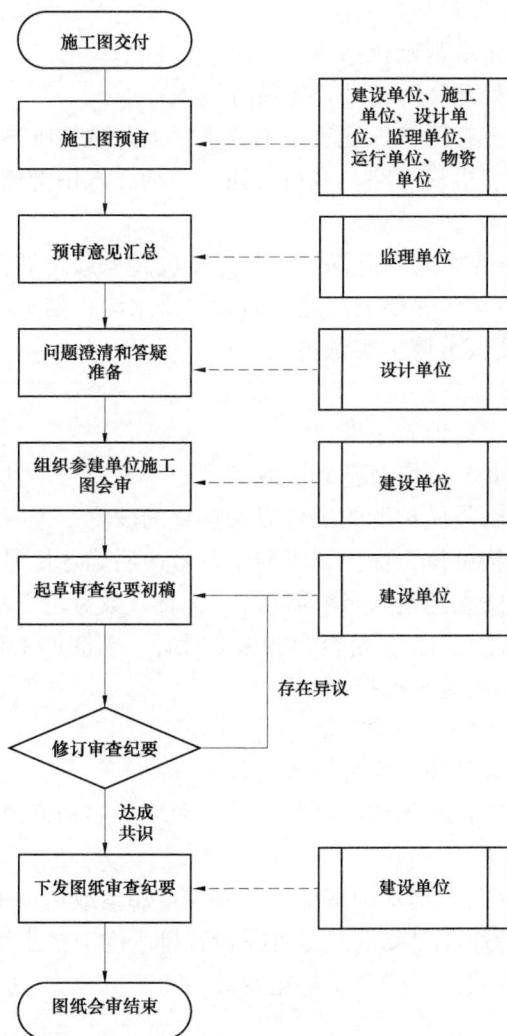

D–1　图纸会审流程图

D.5 图 纸 审 查 要 点

结构图

基础施工图

（1）直柱板式基础。

1）核查板式基础适用的地质条件；

2）重点核查基础型式、铁塔及基础明细表图号是否对应，基础根开是否正确；

3）核查板式基础垫层、结构主体、保护帽混凝土标号，明确各标号混凝土最少水泥用量；

4）地脚螺栓（插入式主角钢）、钢筋规格、材质、数量是否基础材料配置表一致；

5）地脚螺栓（插入式主角钢）是否存在偏心设计，钢筋加工和绑扎是否有特殊要求，钢筋间距是否影响混凝土浇筑与振捣；

6）核查转角塔、耐张塔基础预抬值；

7）基础是否有地基处理和防腐处理等特殊要求；

8）大体积混凝土施工有无特殊施工技术要求，大跨越基础是否设置沉降观测点；

9）塔位处是否存在有机耕道路、乡村公路、鱼塘、农田灌溉设施等影响基础布置的构筑物情况；

10）塔基地形是否存在个别基础深埋、外露高度超差或边坡保护不够的情况；

11）基础开挖有无特殊环保要求，是否需设置排水沟、挡土墙、防撞桩等防护措施；

12）回填土是否需要做土壤击实试验。

（2）挖孔基础。

1）核查挖孔基础适用的地质条件；

2）重点核查基础型式、铁塔及基础明细表图号是否对应，基础根开是否正确；

3）核查设计是否明确需做护壁的塔位以及护壁的深度、混凝土、钢筋用量等；

4）核查挖孔基础结构主体、保护帽混凝土标号，明确各标号混凝土最少水泥用量；

5）地脚螺栓（插入式主角钢）、钢筋规格、材质、数量是否基础材料配置表一致；

6）地脚螺栓（插入式主角钢）是否存在偏心设计，钢筋加工和绑扎是否有特殊要求，钢筋间距是否影响混凝土浇筑与振捣；

7）核查转角塔、耐张塔基础预抬值；

8）基础是否有地基处理和防腐处理等特殊要求；

9）塔位处是否存在有机耕道路、乡村公路、鱼塘、农田灌溉设施等影响基础布置的构筑物情况；

10）塔基地形是否存在个别基础深埋、外露高度超差或边坡保护不够的情况；

11）基础开挖有无特殊环保要求，是否需设置排水沟、挡土墙、防撞桩等防护措施；

12）核查余土处理方式，明确余土外运距离。

（3）岩石锚杆基础。

1）核查岩石锚杆基础适用的地质条件；

2）锚孔成型后，明确设计工代是否需要验孔；

3）明确钻孔质量要求；

4）核查是否需要做锚杆抗拔实验；

5）重点核查基础型式、铁塔及基础明细表图号是否对应，基础根开是否正确；

6）核查岩石锚杆基础结构主体、垫层、保护帽以及锚孔灌注用细石混凝土标号，明确各标号混凝土最少水泥用量；

7）核查转角塔、耐张塔基础预抬值；

8）地脚螺栓（插入式主角钢）、钢筋规格、材质、数量是否基础材料配置表一致；

9）地脚螺栓（插入式主角钢）是否存在偏心设计，钢筋加工和绑扎是否有特殊要求，钢筋间距是否影响混凝土浇筑与振捣；

10）基础是否有地基处理和防腐处理等特殊要求；

11）塔位处是否存在有机耕道路、乡村公路、鱼塘、农田灌溉设施等影响基础布置的构筑物情况；

12）塔基地形是否存在个别基础深埋、外露高度超差或边坡保护不够的情况；

13）基础开挖有无特殊环保要求，是否需设置排水沟、挡土墙、防撞桩等防护措施；

14）核查余土处理方式，明确余土外运距离。

（4）灌注桩基础。

1）核查灌注桩基础适用的地质条件；

2）重点核查基础型式、铁塔及基础明细表图号是否对应，基础根开是否正确；

3）核查设计是否对灌注桩开挖方式有特殊要求；

4）核查灌注桩基础桩身主体结构、承台、连梁以及保护帽混凝土标号，明确各标号混凝土最少水泥用量；

5）明确灌注桩桩身完整性检查方式，大应变或小应变；

6）核查灌注桩施工时是否有预埋件；

7）核查转角塔、耐张塔基础预抬值；

8）地脚螺栓（插入式主角钢）、钢筋规格、材质、数量是否基础材料配置表一致；

9）地脚螺栓（插入式主角钢）是否存在偏心设计，钢筋加工和绑扎是否有特殊要求，钢筋间距是否影响混凝土浇筑与振捣；

10）基础是否有地基处理和防腐处理等特殊要求；

11）塔位处是否存在有机耕道路、乡村公路、鱼塘、农田灌溉设施等影响基础布置的构筑物情况；

12）塔基地形是否存在个别基础深埋、外露高度超差或边坡保护不够的情况；

13）基础开挖有无特殊环保要求，是否需设置排水沟、挡土墙、防撞桩等防护措施；

14）核查泥浆处理方式，明确余土外运距离。

杆塔施工图

（1）直线塔。

1）重点核查塔型、呼称高与杆塔明细表、基础配置表中塔型、降基值、转角方向和转角度数是否一致；

2）铁塔根开与基础根开是否匹配；

3）塔脚板的尺寸与对应基础立柱顶面尺寸是否匹配，能否满足保护帽正常设置需要；

4）角钢、螺栓、垫片、垫圈、脚钉等规格、数量与材料明细表是否对应；

5）最长构件能否满足现场运输要求，最重构建能否满足索道运输条件；

6）导地线、跳线挂点的孔径、间距是否与挂线金具相匹配，设计预留施工孔的位置、孔径和数量是否能满足施工需要；

7）横担预拱值能否满足架线后上拱要求等；

8）抱杆支撑盒安装数量及安装距离；

9）接地孔的位置是否满足接地引下线的工艺要求，是否存在与塔脚板相碰，出现贴合不紧密的现象；

10）设计对过轮临锚的塔位是否有塔型限制；

11）极性牌、杆号牌、警示牌等安装位置是否存在碰撞或无安装位置的情况；

12）防盗帽的安装位置尤其是重要交叉跨越、风区、冰区塔位防盗帽的安装是否明确；

13）挂点附近、横担与塔身连接部位、组合角钢连接部位等螺栓密集的部位是否存在螺栓在空间碰撞无法安装或需个别螺栓穿向需调整的现象；

14）螺栓穿向和螺栓的配置是否满足统一施工工艺规定；

15）防坠落装置安装位置与塔身安装预留孔是否匹配；

16）明确螺栓扭矩值。

（2）耐张塔。

1）重点核查塔型、呼称高与杆塔明细表、基础配置表中塔型、降基值、转角方向和转角度数是否一致；

2）铁塔根开与基础根开是否匹配；

3）塔脚板的尺寸与对应基础立柱顶面尺寸是否匹配，能否满足保护帽正常设置需要；

4）角钢、螺栓、垫片、垫圈、脚钉等规格、数量与材料明细表是否对应；

5）最长构件能否满足现场运输要求最重构建能否满足索道运输条件；

6）导地线、跳线挂点的孔径、间距是否与挂线金具相匹配，设计预留施工孔的位置、孔径和数量是否能满足施工需要；

7）抱杆支撑盒安装数量及安装距离；

8）接地孔的位置是否满足接地引下线的工艺要求，是否存在与塔脚板相碰，出现贴合不紧密的现象；

9）设计对耐张塔平衡张力是否有最大限值要求；

10）极性牌、杆号牌、警示牌等安装位置是否存在碰撞或无安装位置的情况；

11）防盗帽的安装位置尤其是重要交叉跨越、风区、冰区塔位防盗帽的安装是否明确；

12）挂点附近、横担与塔身连接部位、组合角钢连接部位等螺栓密集的部位是否存在螺栓在空间碰撞无法安装或需个别螺栓穿向需调整的现象；

13）螺栓穿向和螺栓的配置是否满足统一施工工艺规定；

14）防坠落装置安装位置与塔身安装预留孔是否匹配；

15）横担预拱值能否满足架线后上拱要求等；

16）明确螺栓扭矩值。

电气图

（1）杆塔明细表、平断面图。

1）重点检查塔位明细表与塔位平断面图中各塔位基础型式、杆塔塔型、呼称高是否对应；

2）断面档距与塔位明细表档距是否一致；

3）不允许接头档是否明确且符合设计规程要求，是否存在连续不允许接头出现导地线盘长不够而无法施工的情况；

4）核查相关设计术语的定义与以往工程是否有差异；

5）对各类交叉跨越物的交叉跨越角度、跨越距离是否满足设计规程要求；

6）线路通道林木、房屋及其他构筑物的处理方式、位置和数量是否与通道清理一览表的一一对应，且需校核其处理方式是否满足验收和运行规程要求。

（2）导、地线、光缆弧垂特性表。

1）导地线、光缆应力和弧垂特性表和导地线、光缆架线张力弧垂特性表是否按不同的安全系数进行计算；

2）重点核对导地线、光缆、绝缘子等材料的技术参数是否与《总说明书》参数一致；

3）导地线、光缆弧垂观测是否采用降温补偿法，降温度数是否明确；

4）耐–直–耐等其他特殊区段弧垂是否单独给出；

5）弧垂计算公式是否明确；

6）跳线弧垂和光缆耐张塔连引弧垂控制原则是否明确；

7）不同型号的导地线、光缆弧垂特性表是否单独给出。

（3）绝缘子、金具、跳线组装图。

1）金具串与塔位明细表串型是否匹配；

2）导地线、光缆、绝缘子、金具等的数量与材料明细表是否一致；

3）标段分界塔施工划分和材料供应、耐张绝缘子串倒挂塔位和上扬塔位是否明确；

4）绝缘子配置和隔色原则是否统一，与污区划分要求是否一致；

5）耐张绝缘子串补偿距离调整数值以及"V"型悬垂串肢长调整数值以及内外肢型号区分是否明确；

6）地线和光缆接地线的长度和安装位置是否明确；

7）转角塔内外侧第一组间隔板安装位置是否明确；

8）光缆引下线引下安装位置、安装工艺、接头盒和余缆架安装高度是否确定；

9）弹簧销开口角度和穿向、金具螺栓穿向是否满足统一施工工艺标准。

（4）防振锤、间隔棒安装图。

1）核查导线间隔棒、跳线间隔棒安装个数和次档距；

2）明确导地线、光缆防振锤安装原则、数量、起量距离等关键参数；

3）明确防振锤的型式（铰链式、预绞丝式）；

4）明确防振锤是否有大小头之分以及大小头的朝向。

（5）接地施工图。

1）重点检查接地型式与铁塔及基础明细表图号是否对应；

2）接地体间的间距、埋深、长度、连接方式等是否满足设计规程要求；

3）接地体的规格、数量是否与接地材料配置表相匹配；

4）接地引下线与塔身的连接以及与基础立柱之间的固定方式是否满足统一施工工艺要求；

5）离子棒、接地模块、铜覆钢特殊接地型式施工安装有无特殊工艺要求；

6）接地连接点是否需要做防腐处理等。

（6）环、水保图。

1）基础是否有地基处理和防腐处理等特殊要求；

2）大体积混凝土施工有无特殊施工技术要求，大跨越基础是否设置沉降观测点；

3）塔位处是否存在有机耕道路、乡村公路、鱼塘、农田灌溉设施等影响基础布置的构筑物情况；

4）塔基地形是否存在个别基础深埋、外露高度超差或边坡保护不够的情况；

5）基础开挖有无特殊环保要求，是否需设置排水沟、挡土墙、防撞桩等防护措施；

6）回填土是否需要做土壤击实试验。

D.6 考 核 评 价

建设管理单位根据《国家电网公司直流线路工程业主、监理、施工项目部考核评价办法（试行）》对业主、监理、施工、设计、厂家单位施工图审查态度、准备、提出问题的深度等综合评价、打分，作为考核、履约和资信评价的依据。